2017 年"一流应用技术大学"建设系列教材

太阳能应用技术

Technology of Solar Energy Application

主　编　朱海娜

副主编　徐　鑫　冯红岩

西安电子科技大学出版社

内 容 简 介

本书详细地介绍了太阳能应用的基本原理，主要包括概述、太阳辐射、太阳能应用分类、太阳能光伏发电应用技术、光伏应用系统、太阳能光热应用技术和光伏小组件生产实训等内容。

本书可以作为大专院校和大学本科生的教材，也可以作为从事太阳能或可再生能源利用、能源工程、环境保护等工作的相关人员的参考书。

本书提供免费的电子教学课件和微课视频等资源，可扫描书中二维码获取。

图书在版编目(CIP)数据

太阳能应用技术 / 朱海娜主编. —西安：西安电子科技大学出版社，2020.3
ISBN 978-7-5606-5177-4

Ⅰ. ① 太… Ⅱ. ① 朱… Ⅲ. ① 太阳能利用 Ⅳ. ① TK519

中国版本图书馆 CIP 数据核字(2018)第 276339 号

策划编辑　毛红兵　刘玉芳
责任编辑　万晶晶
出版发行　西安电子科技大学出版社(西安市太白南路 2 号)
电　　话　(029)88242885　88201467　　　　邮　　编　710071
网　　址　www.xduph.com　　　　电子邮箱　xdupfxb001@163.com
经　　销　新华书店
印刷单位　陕西天意印务有限责任公司
版　　次　2020 年 4 月第 1 版　　2020 年 4 月第 1 次印刷
开　　本　787 毫米×1092 毫米　1/16　　　印　　张　9.75
字　　数　199 千字
印　　数　1～2000 册
定　　价　30.00 元

ISBN 978-7-5606-5177-4 / TK

XDUP 5479001-1

如有印装问题可调换

能源与环境是人们一直关注的话题，随着经济的发展，人口不断增加，人类对于能源的需求会越来越大。但是目前能源市场占主导地位的化石能源是不可再生的，而且化石能源的利用会带来一系列环境问题。太阳能作为一种无污染、取之不尽、用之不竭的能源，在未来能源市场中，是化石能源最好的替代品。近几年，世界范围内光伏产品的利用和普及得到了迅猛的发展。

太阳能的应用范围很广，本书主要向读者介绍太阳能应用的相关内容。全书共分为七个理论模块和一个实训模块。模块一、模块二和模块三是太阳能应用的基础知识，主要介绍太阳能概述、太阳辐射的基本知识和太阳能应用的分类；模块四和模块五是太阳能光伏应用知识，主要介绍太阳能光伏发电应用技术，包括光伏发电原理、太阳能电池的电学特性、晶硅光伏电池制备工艺，以及光伏应用系统的组成及功能等内容；模块六是太阳能光热应用技术，主要介绍太阳能光热应用原理、太阳能光热发电系统、太阳能光热应用前景等内容；模块七是实训部分，主要介绍光伏小组件生产实训相关的内容。

本书的编写得到了天津中德应用技术大学相关领导的大力支持，同时也得到了不少同行同事、行业专家、企业人员的帮助，借此谨向他们表示衷心的感谢！

由于编者时间仓促，水平有限，书中不足之处在所难免，敬请广大读者批评指正。

编　者

2019 年 5 月

目　录

模块一　概述 1

单元一　能源的定义与分类 1

一、能源的定义 1

二、能源的分类 1

单元二　开发应用太阳能的意义 2

一、能源与需求 2

二、生态环境危机 3

三、发展低碳经济的需要 4

四、电网覆盖面 4

单元三　太阳能的应用形式和特点 5

一、太阳能的应用形式 5

二、太阳能的特点 6

单元四　太阳能资源的分布 6

测试题 8

模块二　太阳辐射 10

单元一　太阳概况 10

单元二　日地相对运动 12

一、日地位置关系 12

二、坐标系 13

三、太阳角的计算 16

单元三　太阳辐射量 17

一、大气层外的太阳辐射 17

二、大气对太阳辐射的影响 19

三、到达地面的太阳辐射能 20

测试题 22

模块三　太阳能应用分类 24

单元一　太阳能光电应用 24

一、晶体硅太阳能电池 24

二、薄膜太阳能电池 25

单元二　太阳能光热应用 30

一、太阳能集热器 30

二、其他种类太阳能光热应用 34

单元三　太阳能光热发电 39

一、太阳能光热发电的类型 39

二、太阳能光热发电的发展趋势 40

单元四　太阳能制冷 40

一、太阳能光电制冷 41

二、太阳能光热制冷 42

测试题 45

模块四　太阳能光伏发电应用技术 47

单元一　光伏发电原理 47

一、半导体 47

二、能带结构 48

三、本征半导体和杂质半导体 50

四、P-N 结 53

五、光生伏特效应 54

六、太阳能电池结构和基本工作原理 55

单元二　太阳能电池的电学特性 56

一、太阳能电池的标准测试条件 56

二、太阳能电池等效电路 57

三、太阳能电池的主要技术参数 57

四、温度对太阳能电池的影响 59

五、太阳辐照度对电池性能的影响 60

单元三　晶硅光伏电池制备工艺介绍 60

一、硅材料的制备和选取 61

二、单晶硅的制备 63

三、多晶硅的制备 66

四、硅片的制备 68

五、电池的制作 69

六、晶硅电池组件封装 76

　　　　测试题 79

模块五　光伏应用系统 81

　单元一　光伏系统部件 81

　　一、太阳能电池方阵 81

　　二、二极管 82

　　三、储能装置 83

　　四、控制器 90

　　五、逆变器 92

　单元二　光伏系统应用 95

　　一、离网非户用光伏系统 95

　　二、离网户用光伏系统 96

　　三、分布式并网光伏系统 96

　　四、集中式并网光伏系统 97

　　五、混合系统 97

　　测试题 98

模块六　太阳能光热应用技术 100

　单元一　太阳能光热应用原理 100

　　一、太阳能光热转换原理 100

　　二、太阳能光热热能储存 101

　单元二　太阳能光热发电系统 104

　　一、槽式太阳能光热发电 105

　　二、塔式太阳能光热发电 108

　　三、碟式斯特林太阳能光热发电 110

　　四、菲涅尔式太阳能光热发电 111

　　五、系统对比 112

　单元三　太阳能光热应用前景 112

　　一、太阳能光热应用现存问题 112

　　二、太阳能光热应用前景 113

　　测试题 114

模块七　光伏小组件生产实训 116

　实训一　电池片的电性能测试和分选 116

　实训二　激光划片 118

　实训三　电池片的焊接 120

实训四　拼接与层叠 123

实训五　层压 126

实训六　装框和安装接线盒 127

实训七　组件测试 131

附录一　关键词汇中英文对照 133

附录二　部分术语及物理量解释 138

参考文献 141

Contents

Module Ⅰ　Introduction 1

　Unit Ⅰ　The Definition and Classification of Energy 1

　　Ⅰ. The Definition of Energy 1

　　Ⅱ. The Classification of Energy 1

　Unit Ⅱ　The Significance of Exploiting Solar Energy 2

　　Ⅰ. Energy and Its Demand 2

　　Ⅱ. The Crisis of Ecological Environment 3

　　Ⅲ. The Requirement of a Low-carbon Economic Development 4

　　Ⅳ. The Grid Coverage 4

　Unit Ⅲ　Using Forms and Characteristics of Solar Energy 5

　　Ⅰ. Using Forms of Solar Energy 5

　　Ⅱ. Characteristics of Solar Energy 6

　Unit Ⅳ　The Distribution of Solar Energy 6

　Test 8

Module Ⅱ　Solar Radiation 10

　Unit Ⅰ　The General Situation of the Sun 10

　Unit Ⅱ　The Relative Motion of Solar-Terrestrial 12

　　Ⅰ. Positional Relation of the Sun and the Earth 12

　　Ⅱ. Coordinate System 13

　　Ⅲ. Calculations of Solar Angle 16

　Unit Ⅲ　Solar Insolation 17

　　Ⅰ. Solar Radiation beyond the Atmosphere 17

　　Ⅱ. Effects of Atmosphere on Solar Radiation 19

　　Ⅲ. Solar Radiation to the Ground 20

　Test 22

Module Ⅲ　The Classification of Solar Energy Applications 24

　Unit Ⅰ　Photovoltaic Applications 24

Ⅰ. Crystalline-Silicon Solar Cells 24

Ⅱ. Thin Film Solar Cells 25

Unit Ⅱ　Applications of Solar Photothermal 30

Ⅰ. Solar Collector...30

Ⅱ. Other Types of Solar Photothermal Applications 34

Unit Ⅲ　Solar Photothermal Power Generation 39

Ⅰ. Types of Solar Photothermal Power Generation...39

Ⅱ. The Trend of Solar Photothermal Power Generation.....................................40

Unit Ⅳ　Solar Refrigeration 40

Ⅰ. Solar Photovoltaic Refrigeration 41

Ⅱ. Solar Photothermal Refrigeration 42

Test 45

Module Ⅳ　The Application Technology of Solar Photovoltaic 47

Unit Ⅰ　The Principle of Photovoltaic Power Generation 47

Ⅰ. Semiconductor..47

Ⅱ. Energy Band Structure..48

Ⅲ. Intrinsic Semiconductors and Impurity Semiconductors...............................50

Ⅳ. P–N Junction 53

Ⅴ. Photovoltaic Effect 54

Ⅵ. The Structure and Basic Working Principles of Solar Cells 55

Unit Ⅱ　Electrical Characteristics of Solar Cells 56

Ⅰ. Standard Test Conditions for Solar Cells..56

Ⅱ. Equivalent Circuit of Solar Cells...57

Ⅲ. Main Technical Parameters of Solar Cells...57

Ⅳ. The Effect of Temperature on Solar Cells 59

Ⅴ. The Effect of Solar Irradiance on Battery Performance 60

Unit Ⅲ　The Introduction of Preparation Technology of Crystalline Silicon Solar Cells 60

Ⅰ. The Preparation and Selection of Silicon Materials 61

Ⅱ. The Preparation of Monocrystalline Silicon...63

Ⅲ. The Preparation of Polycrystalline Silicon..66

Ⅳ. The Preparation of Silicon Wafer 68

Ⅴ. The Fabrication of Batteries 69

Ⅵ. Crystalline Silicon Components Encapsulation...76

Test 79

Module Ⅴ Photovoltaic Application System 81

Unit Ⅰ Photovoltaic System Components 81

Ⅰ. Solar Cell Array 81

Ⅱ. Diode 82

Ⅲ Energy Storage Equipment 83

Ⅳ. Controller 90

Ⅴ. Inverter 92

Unit Ⅱ Applications of Photovoltaic System 95

Ⅰ. Off-grid Non-household Photovoltaic System 95

Ⅱ. Off-grid Household Photovoltaic System 96

Ⅲ. Distributed Grid-connected Photovoltaic System 96

Ⅳ. Centralized Grid-connected Photovoltaic System 97

Ⅴ. Hybrid System 97

Test 98

Module Ⅵ The Technology of Solar Photothermal Application 100

Unit Ⅰ The Principle of Solar Photothermal Application 100

Ⅰ. The Principle of Solar Photothermal Conversion 100

Ⅱ. Solar Photothermal Energy Storage 101

Unit Ⅱ The System of Solar Photothermal Power Generation 104

Ⅰ. Parabolic Solar Photothermal Power Generation 105

Ⅱ. Tower Solar Photothermal Power Generation 108

Ⅲ. Dish Stirling Solar Photothermal Power Generation 110

Ⅳ. Fresnel Solar Photothermal Power Generation 111

Ⅴ. System Comparison 112

Unit Ⅲ Prospects of Solar Photothermal Applications 112

Ⅰ. Existing Problems of Solar Photothermal Applications 112

Ⅱ. Prospects of Solar Photothermal Applications 113

Test 114

Module Ⅶ The Training of Photovoltaic Panel Part Production 116

Project Ⅰ Electrical Performance Test and Sorting of Cells 116

Project Ⅱ Laser Scribing 118

Project Ⅲ Welding of Cells 120

Project Ⅳ   Splicing and Stacking 123

Project Ⅴ   Lamination 126

Project Ⅵ   Frame and Installation of Junction Boxes 127

Project Ⅶ   Module Testing.. 131

Appendix Ⅰ   The Key Words in both Chinese and English 133

Appendix Ⅱ   Interpretations of Partial Terminology and Physical Quantity 138

References 141

模块一 概述

Module Ⅰ Introduction

单元一 能源的定义与分类

Unit Ⅰ The Definition and Classification of Energy

一、能源的定义

Ⅰ. The Definition of Energy

能源指的是能够提供能量的物质资源。笼统地说，任何物质都可以转化为能量，但是转化的数量以及转化的难易程度存在很大差异。一般而言，把比较集中、较易转化并且具有某种形式能量的自然资源以及由它们加工或转换得到的产品统称为能源，如物体运动的机械能(动能和势能)、分子运动的热能、电子运动的电能、原子振动的电磁辐射能、物质结构改变而释放的化学能、粒子相互作用而释放的核能等。

二、能源的分类

Ⅱ. The Classification of Energy

能源的种类繁多，而且经过人类不断的开发与研究，更多新型能源已经开始能够满足人类需求。根据不同的划分方式，能源可分为不同的类型。能源的分类主要有以下四种方式。

1. 按照能源制取方式分类

按照制取方式，可以把能源分为一次能源与二次能源，亦可称为天然能源与人工能源。一次能源指的是从自然界取得的未经过任何改变或转换的能源，包括水力资源和煤炭、石油、天然气资源，除此之外，太阳能、风能、地热能、潮汐能、生物能以及核能等也被包括在一次能源的范围内。二次能源是指一次能源经过加工或转换得到的能源，包括电力、煤气、汽油、柴油和沼气等。一次能源转换成二次能源会有转换损失，但二次能源有更高的利用效率，也更加清洁和便于使用。

2．按照能源来源分类

按照来源，可以把能源分为三类。第一类能源来自地球以外，第二类能源来自地球内部，第三类能源来自地球与其他天体的作用。

3．按照能源是否可再生分类

按照是否可再生，可以把能源分为可再生能源和非可再生能源。可再生能源为非耗竭型能源，是在自然界中可以不断再生、永久使用的能源，它对环境无害或者危害极小，如太阳能、风能、水能、生物质能、地热能和海洋能等。非可再生能源一般是指经过漫长的地质年形成，开采之后不能在短时期内形成的能源，它们会随着人类的利用而日趋减少，以致枯竭，如煤炭和石油等。

4．按照能源应用技术状况分类

按照应用技术状况，可以把能源分为常规能源和新能源。常规能源是指在现在的经济和技术条件下，人类已经能成熟使用的能源，如石油、煤炭、天然气等，它们工业化程度很高，在能源消耗总量上占有绝对优势和份额。新能源指的是人类利用新技术刚开始开发应用或正在积极研究、有待推广的能源，或者有一定应用量，但是工业化技术不够成熟、工业化生产与应用程度有限的能源。

单元二　开发应用太阳能的意义

Unit Ⅱ　The Significance of Exploiting Solar Energy

一、能源与需求

Ⅰ．Energy and Its Demand

世界人口不断增加，全球经济正在高速发展，为了满足人类生活和经济发展的需要，要大量开采和使用化石燃料，然而地球上化石燃料的蕴藏量是有限的。根据已探明的储量，全球石油可开采约 45 年，天然气约 61 年，煤炭约 230 年，铀约 71 年，图 1.1 所示为世界和中国主要常规能源储量预测。据世界卫生组织估计，到 2060 年，全球人口将达 110 亿，如果到时所有人的能源消费量都达到今天发达国家的人均水平，则地球上主要的 35 种矿物质中，将有三分之一在 40 年内消耗殆尽，包括所有的石油、天然气、煤炭和铀。世界化石燃料的供应正处于严重短缺的危机局面。

为了应对化石燃料逐渐短缺的危机局面，我们必须逐步改变能源消费结构，大力开发以太阳能为代表的可再生能源，在能源供应领域走可持续发展的道路，才能保证经济的繁荣发展和人类社会的不断进步。

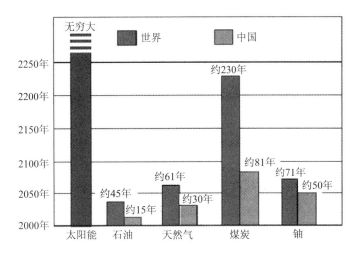

图 1.1 世界和中国主要常规能源储量预测

二、生态环境危机

II. The Crisis of Ecological Environment

随着工业的发展和经济的不断进步，人类的生活水平在不断地提高，但是我们的生存环境却变得越来越差，各种环境问题凸显出来。

1. 空气污染

化石燃料的使用，导致空气质量的恶化。近几年随着雾霾现象的严重化，PM2.5 已成为人们关注空气状况的重要指标。PM2.5 粒径小，富含大量的有毒、有害物质且在大气中的停留时间长，输送距离大，因而对人体健康和大气环境的影响很大。近些年多项医学研究表明，直径小于 2.5 μm 的颗粒对人体的损伤最为严重。因为小于 2.5 μm 的微粒会直接进入肺部的气体交换区肺泡，并留存在肺的深处。PM2.5 除了本身对人体呼吸系统具有直接的刺激及致敏作用外，它还可能作为携带细菌微生物、病毒和致癌物的载体侵入人体肺部，严重危害人体健康。大力发展太阳能等可再生能源，可以有效地减少化石燃料的使用，减少人类活动对大气的污染，改善大气环境。

2. 温室效应

人类的活动在不断地向大气排放"人造气体"，像二氧化碳、甲烷、臭氧、氮氧化物以及含氯氟烃。这些"人造气体"阻碍了热能的正常"逃逸"并有可能使地表温度升高，这就是人们常说的温室效应。现有的证据显示，到 2030 年，大气中的二氧化碳含量将是现在的两倍，这将使全球温度升高 1℃～4℃，从而将引起风的流动模式和降雨量的变化，其结果可能导致大陆内部变得干旱以及地球海平面上升。排放的"人造气体"越多，造成的影响就越严重。

温室效应的产生使得大气的温度不断上升。人们在不断寻求减少温室效应的方法，而各种形式的新能源的利用在减少温室效应方面做出了一定的贡献。图 1.2 所示为 2014 年至 2050 年不同能源技术对 CO_2 减排贡献的预测情况，其中太阳能光伏发电技术在全球 CO_2 减排任务中将贡献 20%的比例。太阳能是一种清洁无公害的新能源，在它的利用过程中不会产生任何废气和垃圾。大力推广太阳能的使用，可以减轻温室效应，从而有效地保护好人类赖以生存的环境。

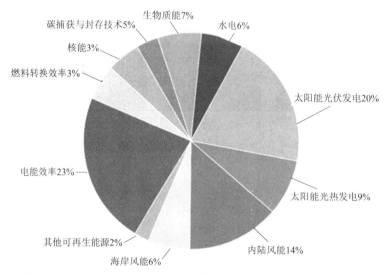

图 1.2　2014 年至 2050 年不同能源技术对 CO_2 减排贡献的预测情况

三、发展低碳经济的需要

III. The Requirement of a Low-carbon Economic Development

低碳经济指通过技术创新、制度创新、产业转型、新能源开发等多种手段，尽可能地减少煤炭、石油等高碳能源消耗，减少温室气体排放。一方面，低碳经济是完成国家节能降耗指标的要求；另一方面，其也是调整经济结构，提高能源利用效率，发展新兴工业，建设生态文明，摒弃以往先污染后治理、先低端后高端、先粗放后集约的发展模式的现实途径。

低碳产业将来可能突破的能源技术包括：清洁能源(太阳能、风电、核电、海洋、水电等制造技术)、智能电网、电池技术(包括新能源汽车)。其中清洁能源利用方面，太阳能的应用占有很大的比重，太阳能资源的数量巨大，其开发应用技术已经成熟，一直在为低碳经济发展贡献力量。

四、电网覆盖面

IV. The Grid Coverage

到目前为止，全球有将近 20 亿人口没有用上电，如一些偏远的山区、海岛、经济欠发达的地区等，由于居住分散、交通不便，很难通过延伸常规电网的方式来解决用电问题。电力供应的短缺，严重制约了这些地区的经济发展。但这些地区往往太阳能资源十分丰富，因此利用太阳能发电是理想的选择，既方便了人们的生活，也为地区的经济发展提供了电力保障。光伏发电系统是解决这些电力供应短缺地区的能源供给的理想方式。

单元三 太阳能的应用形式和特点
Unit Ⅲ Using Forms and Characteristics of Solar Energy

一、太阳能的应用形式
Ⅰ. Using Forms of Solar Energy

太阳能是人类取之不尽、用之不竭的可再生能源，也是清洁能源，不会造成任何环境污染。人们常采用光热转换、光电转换和光化学转换这三种形式来充分有效地利用太阳能。

1．光热转换

光热转换是目前世界范围内太阳能应用的一种最普及、最主要的形式，它是基于太阳光照射物体表面会产生热效应这一原理来实现的。其主要应用包括：太阳能热水器、干燥器、温室与太阳房、太阳灶、采暖和制冷、海水淡化装置、太阳能热发电装置等。

2．光电转换

光电转换主要是以半导体材料为基础，通过光照产生电子-空穴对，在 P-N 结上产生光电流和光电压的现象(光伏效应)来实现。通常所用的半导体材料主要为硅。众所周知，地球表面太阳能的能量密度低($1000\ \mathrm{W/m^2}$)，而且不稳定、不连续。用太阳能电池及相应储存技术可大面积采集、储存太阳能，以适应人们日常生活需要。太阳能光电转换主要是利用光伏电池发电。

3．光化学转换

光化学转换的本质是物质中的分子、原子吸收太阳光子的能量后变成"受激原子"，受激原子中的某些电子的能级状态发生变化，使某些原子的价键发生改变，当受激原子重新恢复到稳定态时，即产生光化学反应。光化学反应包括光解反应、光合反应、光敏反应，有时也包括太阳能提供化学反应所需的热量。通过光化学作用将太阳能转换成电能或制氢也是利用太阳能的一条途径。二三十年前曾有不少人在这方面做了许多工作，但目前仍处于研究阶段。

太阳能的应用水平取决于太阳能材料的发展水平。新材料、新工艺的出现，可进一步帮助人类应用太阳能。

二、太阳能的特点

Ⅱ. Characteristics of Solar Energy

1．太阳能的优点

(1) 资源储量大。太阳能资源随处可取，可以算得上是取之不尽、用之不竭的巨大能源，是目前全球能源需求量的 1 万倍。只要在全球百分之四的沙漠上安装太阳能光伏发电系统，所发电力就可以满足全球的需要。

(2) 环境友好。传统的化石燃料在使用过程中都会释放出大量的废气，从而导致雾霾、全球气温上升等诸多问题。核电站发电也会产生很多放射性的核废料，并且这些核废料在很长一段时间内都会持续释放核辐射。相对而言，太阳能发电过程不产生任何废弃物，没有污染，是一种环境友好的清洁能源。

(3) 成本低。太阳能随处可得，可以就近发电，不需要长距离输送，避免了长距离输送线路的损失。太阳能发电不需要运动部件，不易损坏，维护费用低，且太阳能本身不需要额外使用其他燃料，整体运行成本低。

(4) 方便灵活。太阳能发电系统建设周期短，方便灵活，可以根据负载的增减，任意添加或减少太阳能电池方阵容量，避免浪费。

2．太阳能的缺点

(1) 间歇性。太阳能发电量的多少受昼夜、季节、地理纬度、天气等客观因素的影响比较大，因此具有间歇性，不能持续稳定地被使用。如果是应用独立的光伏发电系统供电，则必须配备相当容量的储能设备，这既增加了费用，也会降低太阳能系统的效率。

(2) 能量密度低。尽管太阳能资源随处可得，但是每单位面积上可以收集到的太阳能辐射量却很小。想要获得较大的能量，就必须有庞大的受光面积，因此一般比较适合作为补充能源。

(3) 效率低。太阳能应用的研究已经开展多年，技术也已经趋于成熟，但是目前不论是光伏发电的应用，还是光热应用，都存在效率较低的问题，还没有达到替代传统能源的水平。

单元四　太阳能资源的分布

Unit Ⅳ　The Distribution of Solar Energy

太阳辐射能实际上是地球上最主要的能量来源，风能、水能、生物质能、海洋温差能等均来自太阳。风能是由于受到太阳能辐射的强弱程度不同，在大气中形成温差和压差，从而造成空气的流动；水能是由水位差所产生的，由于受到太阳辐射的影响，地球表面上(包括海洋)的水分被加热而蒸发，形成雨云，当在高山地区降水后，即形成水能的来源。我们经常用到的地球上的化石燃料，如煤、石油、天然气等，也都是由千百万年前动植物体所吸收的太阳辐射能转换而成的。

地球所接收到的太阳能，只占太阳表面发出的全部能量的二十二亿分之一左右，其辐射量高达 1.73×10^5 TW，即每秒钟投射到地球上的能量相当于完全燃烧 5.9×10^6 吨煤释放的能量。这些能量可谓取之不尽、用之不竭。到达地球的太阳辐射能数量巨大，每个国家均可接收到其中的一部分，但所接收的总量多少差距悬殊。最北方的国家和南美洲南端，每年日照时间仅有数百小时；而阿拉伯半岛的绝大部分地区和撒哈拉大沙漠，每年日照时间高达 4000 小时。辐射到地球表面某一地区的太阳辐射能的多少与当地的地理纬度、海拔高度及气候等因素有关。从全球角度而言，美国西南部、非洲、澳大利亚等地太阳总辐射量最大。

中国拥有丰富的太阳辐射能资源，理论储量达每年 17 000 亿吨标准煤，太阳能资源开发利用的潜力非常广阔。中国地处北半球，南北距离和东西距离都在 5000 km 以上，大多数地区年辐射量在 4 kW · h/(m² · a)① 以上，西藏日辐射量最高达 7 kW · h/m²，年日照时数大于 2000 小时。与同纬度的其他国家相比，与美国相近，比欧洲、日本优越得多，因而有巨大的开发潜能。为了更好地利用太阳能，根据各地年总辐射量、日照时数及不同的条件等，全国划分为五类地区：

(1) 一类地区(太阳能资源最丰富地区)。一类地区的太阳能年辐射总量为 1860～2320 kW · h/(m² · a)，年日照时数为 3200 小时～3300 小时。这些地区包括宁夏北部、甘肃北部、新疆东部、青海西部、西藏西部等地，这些地区是中国太阳能资源最丰富的地区，仅次于撒哈拉大沙漠，居世界第 2 位。

(2) 二类地区(太阳能资源较丰富地区)。二类地区的太阳能年辐射总量为 1620～1860 kW · h/(m² · a)，年日照时数为 3000 小时～3200 小时。这些地区包括河北西北部、山西北部、内蒙古南部、宁夏南部、甘肃中部、青海东部、西藏东南部和新疆南部。

(3) 三类地区(太阳能资源中等地区)。三类地区的太阳能年辐射总量为 1400～1620 kW · h/(m² · a)，年日照时数为 2200 小时～3000 小时。这些地区包括山东、河南、河北东南部、山西南部、新疆北部、吉林、辽宁、云南、甘肃南部、广东南部、福建南部、苏北、皖南及台湾西南部等。

(4) 四类地区(太阳能资源较差地区)。四类地区的太阳能年辐射总量为 1160～1400 kW · h/(m² · a)，年日照时数为 1400 小时～2200 小时。这些地区包括湖南、湖北、广西、浙江、江西、福建北部、广东北部、陕西南部、江苏南部、安徽南部、黑龙江以及台湾东北部。

(5) 五类地区(太阳能资源贫乏地区)。五类地区的太阳能年辐射总量为 930～1160 kW · h/(m² · a)，年日照时数为 1000 小时～1400 小时。这些地区包括四川和贵州两地。

---

① 该单位为辐照量专用单位，代表每年度每平方米的辐照量，单位中的 a 是 annual 的缩写。

我国的太阳能资源较为丰富，并已经成为我国能源组成的一个不可或缺的部分。

测 试 题
Test

· ·

一、选择题

1．以下能源不是由太阳能转化的是(　　)。

    A．风能　　　　　B．煤　　　　　C．石油　　　　　D．核能

2．太阳能按照制取方式不同可分为(　　)。

    A．一次能源和二次能源　　　　　B．可再生能源和非可再生能源

    C．常规能源和新能源　　　　　D．地球内部能源和地球以外的能源

3．下列能源不是来自太阳的是(　　)。

    A．石油　　　　　B．煤　　　　　C．天然气　　　　　D．核能

4．关于太阳能的说法错误的是(　　)。

    A．太阳能资源储量巨大，可以随时使用

    B．太阳内部不停地进行着核聚变

    C．太阳能分布广泛，获取方便

    D．太阳能安全、清洁，完全不会带来环境污染

5．我国太阳能资源年辐射总量为 $5850\sim6680$ MJ/m^2，相当于日辐射量 $4.5\sim5.1$ kW·h/m^2 的地区，属于(　　)类地区。

    A．一　　　　　B．二　　　　　C．三　　　　　D．四

二、填空题

1．太阳能的优点包括_____、_____、_____、方便灵活。

2．太阳能的缺点包括_____、_____、_____。

3．太阳能的应用形式包括_____、_____、_____。

4．_____、_____、_____是我们常见的化石燃料，而这些化石燃料的能源其实都来自_____能。

三、判断题

1．一切能源都源自太阳能。　　　　　　　　　　　　　　　　　　　　　(　　)

2．我国光伏行业一直以生产上游光伏组件为主，并形成了原材料依靠进口，产品以出口为主的产业格局。　　　　　　　　　　　　　　　　　　　　　　　　(　　)

3．我国拉萨地区属于第二类太阳能资源区。　　　　　　　　　　　　　(　　)

4．太阳能热水器属于太阳能的光化学利用。　　　　　　　　　　　　　(　　)

5．利用太阳能电池将太阳能直接转换为电能称为光伏发电。　　　　　　(　　)

四、简答题

1. 简述能源的定义与分类。

2. 简述太阳能的主要应用途径。

3. 太阳能有什么特点？

4. 简述中国太阳能资源分布的特点。

模块二 太阳辐射

Module Ⅱ Solar Radiation

单元一 太阳概况

Unit Ⅰ The General Situation of the Sun

从地球上向外看，天空中最引人注目的就是光辉灿烂的太阳。太阳是一颗自己能发光发热的气体星球，其内部不断进行着热核聚变，因而每时每刻都在稳定地向宇宙空间发射能量。太阳的内部能容纳超过 130 万个地球，太阳从中心到边缘可分为核反应层、辐射层、对流层和太阳大气层，如图 2.1 所示。

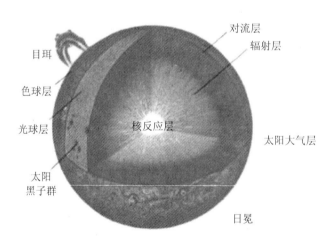

图 2.1　太阳的结构

1. 核反应层

太阳的核反应层在太阳半径的 25% 区域内，它位于太阳的核心，集中了太阳一半以上的质量。此处温度大约为 1.5×10^7 K，压力约为 2500 亿大气压，密度约为 158 g/cm³。这部分产生的能量占太阳产生总能量的 99%，并以对流和辐射方式向外传递。

2. 辐射层

辐射层的所属范围为太阳半径的 25%～80%，该区域温度很高，气体完全电离，形成等离子体。温度由内向外逐渐下降，即从 1.5×10^7 K 降至 5×10^5 K，密度下降为 0.079g/cm³。在太阳核心产生的能量通过这个区域由辐射传输出去。

3．对流层

在辐射层的外面是对流层，所属范围为太阳半径的 80%～100%，该区域中温度进一步降低，对流区温度下降为 5000 K，密度为 10^{-8} g/cm³。在对流区内，能量主要靠对流传播。对流层及其里面的部分是看不见的，它们的性质只能靠与观测相符合的理论计算来确定。

4．太阳大气层

太阳大气层大致可以分为光球层、色球层、日冕。

太阳的全部光能几乎全从光球层发出。光球对于地球相当重要，太阳的连续光谱基本上就是光球的光谱，太阳光谱内的吸收线基本上也是在这一层内形成的。光球的厚度约为 500 km。色球层是太阳大气的中层，是光球层向外的延伸，一直可延伸到几千公里的高度。日冕为太阳大气的最外层，是极端稀薄的气体壳，可以延伸到几个太阳半径之远。日冕辐射的能量与其他部分相比是无足轻重的，仅占全部辐射能的 10^{-8}，而且它不能穿透大气层到达地面。

太阳是一个巨大而炽热的气体星球。知道了日地距离，再从地球上测得太阳圆面的视角直径，从简单的三角关系就可以求出太阳的直径为 1.39×10^6 km。由太阳的体积和质量，可以计算出太阳平均密度为 1.41 g/cm³，约为地球平均密度的 0.26 倍。

太阳每秒释放出的能量是 3.865×10^{20} MJ，相当于燃烧 1.32×10^{16} 吨标准煤所产生的能量。太阳与地球的平均距离约为 1.5×10^8 km，太阳辐射功率大约只有二十二亿分之一到达地球，约为 173×10^{12} kW。其中，约 19% 被大气和云层吸收；约 30% 被大气层、云层及地面反射回宇宙空间；穿过大气到达地球表面的太阳辐射功率约占总量的 51%(81×10^2 kW)，如图 2.2 所示。

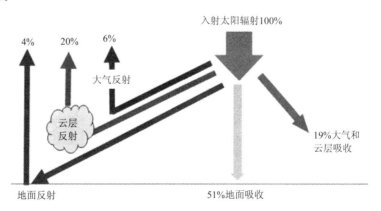

图 2.2　太阳能量在大气层中的吸收

由于地球表面大部分被海洋覆盖，因此到达陆地表面的太阳辐射功率大约只有 173×10^{12} kW，占到达地球范围内太阳辐射功率的 10%。这个能量相当于全球 1 年内消耗的总能量的 3.5 万倍，其中被植物吸收的占 0.015%，被人类作为燃料和食物的仅占 0.002%。

单元二 日地相对运动

Unit Ⅱ The Relative Motion of Solar-Terrestrial

一、日地位置关系

Ⅰ. Positional Relation of the Sun and the Earth

贯穿地球中心与南北两极相连的线称为地轴。地球绕地轴自转，一个周期为一日(24小时)，同时又沿椭圆形轨道环绕太阳进行公转，运行周期约为一年(365 天)。太阳位于椭圆形轨道的一个焦点上，该椭圆形轨道称为黄道。在黄道平面内长半轴约为 $152×10^6$ km，短半轴约为 $147×10^6$ km。

地球的赤道平面与黄道平面的夹角称为赤黄角。它就是地轴与黄道平面法线间的夹角，在一年中的任一时刻都保持为 23.45°，而且在地球公转时自转轴的方向始终指向地球的北极，这就使得太阳光线直射赤道的位置有时偏南，有时偏北，形成地球上季节的变化。太阳和地球的相对运动如图 2.3 所示。

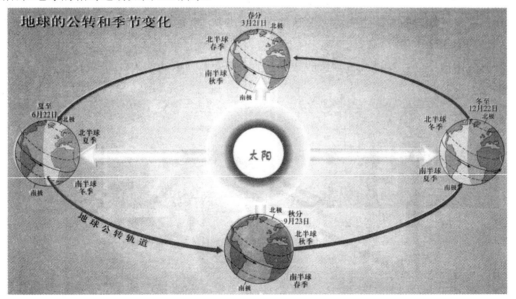

图 2.3 日地运动示意图

在北半球除北极外，一年中只有春分日和秋分日是日出正东，日落正西。在夏半年内，日出东偏北，日落西偏北，并且越接近夏至日，日出和日落越偏北，夏至这天日出和日落最偏北。在冬半年内，日出东偏南，日落西偏南，并且越接近冬至日，日出和日落越偏南，同样在冬至这天日出和日落最偏南，如图 2.4 所示。

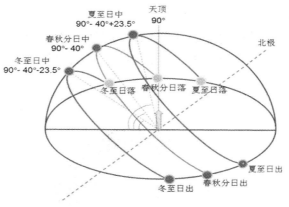

图 2.4　太阳运行轨迹示意图

北半球在夏至日(6 月 21/22 日)这一天，太阳直射北纬 23.45°的天顶，称北纬 23.45°为北回归线，而冬至日(12 月 21/22 日)这一天，太阳会直射南纬 23.45°的天顶，称南纬 23.45°为南回归线，南半球正好相反。北半球的春分日(3 月 20/21 日)和秋分日(9 月 22/23 日)，太阳直射地球的赤道平面。

二、坐标系

Ⅱ. Coordinate System

为了表明地球上某一点(M 点)的具体位置，需要建立地理坐标系。为准确表示太阳和地球的相对位置，需要其他的坐标系。观察者站在地球表面，仰望天空，平视四周所看到的假想球面，按照相对运动原理，太阳似乎在这个球面上自东向西周而复始地运动。要确定太阳在天球上的位置，需要采用天球坐标，常用的天球坐标有地理坐标系和赤道坐标系两种，另外还有一种叫地平坐标系。

1. 地理坐标系

地理坐标系是以地球为基本圆，以地心为圆心，以地球的自转轴为中心轴(又称为地轴)，用纬度(φ)和经度(L)来表示地球表面上某点位置的，如图 2.5 所示。

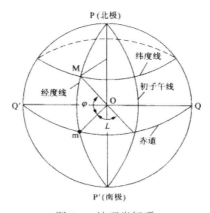

图 2.5　地理坐标系

2．赤道坐标系

赤道坐标系是以天赤道 QQ′ 为基本圈，以天子午圈的交点 Q 为原点的天球坐标系，PP′分别为北天极和南天极，赤道坐标系中太阳的位置 M 由时角(ω)和赤纬角(δ)两个坐标组成，如图 2.6 所示。

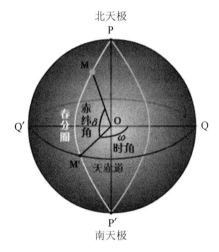

图 2.6　赤道坐标

(1) 时角。相对于圆弧 QM′，从天子午圈上的 Q 点算起，顺时针方向为正，逆时针方向为负，即上午为负，下午为正，一昼夜时角对应 $\pm180°$，通常以 ω 表示，它的数值等于离正午的时间(小时)乘以 15°。太阳时 H_s 与时角 ω 之间的对应关系是，每一太阳时对应 15°，时角计算公式为

$$\omega = 15 \times (H_s - 12)\ (°) \tag{2.1}$$

(2) 赤纬角。地心与太阳中心的连线与天赤道之间的夹角称为赤纬角 δ，赤纬角是反映地球绕太阳公转规律的角度变量，它以一年为变化周期。正是由于赤纬角的存在，使得一年四季地球接收太阳光的方位不同。对于太阳来说，春分日和秋分日的 $\delta = 0$，赤纬角是时间的连续函数，其变化率在春分日和秋分日最大，大约是一天变化 0.5°。赤纬角的大小仅仅与一年中的某一天有关，而与地点无关，即地球上任何位置的赤纬角都是相同的。图 2.7 所示为太阳的赤纬角示意图。

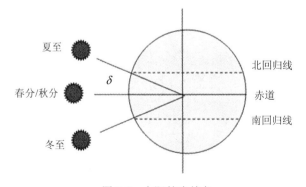

图 2.7　太阳的赤纬角

太阳赤纬角可用 Cooper 方程近似计算，即

$$\delta = 23.45\sin\left(360 \times \frac{284+n}{365}\right) \ (°) \tag{2.2}$$

其中，n 为日期序号。例如，当日期为 1 月 1 日时，$n=1$；当日期为 3 月 22 日时，$n=81$；当日期为平年 12 月 31 日时，$n=365$；为闰年时，$n=366$。

这是个近似计算公式，具体计算时不能得到春分日、秋分日的 δ 值都等于 0 的结果。

特殊日期 δ 的值：

春分日(3 月 21 日)或秋分日(9 月 23 日)：　$\delta = 0°$；

夏至日(6 月 22 日)：　$\delta = 23.5°$；

冬至日(12 月 22 日)：　$\delta = -23.5°$。

一年中不同日期的赤纬角见表 2.1。

表 2.1　不同日期的赤纬角

日期	1 月	2 月	3 月	4 月	5 月	6 月	7 月	8 月	9 月	10 月	11 月	12 月
1	−23.1	−17.3	−7.9	4.2	14.8	21.9	23.2	18.2	8.6	−2.9	−14.2	−21.7
5	−22.7	−16.2	−6.4	5.8	16.0	22.5	22.9	17.2	7.1	−4.4	−15.4	−22.3
9	−22.2	−14.9	−4.8	7.3	17.1	22.9	22.5	16.1	5.6	−5.9	−16.6	−22.7
13	−21.6	−13.6	−3.3	8.7	18.2	23.2	21.9	14.9	4.1	−7.5	−17.7	−23.1
17	−20.9	−12.3	−1.7	10.2	18.1	23.4	21.3	13.7	2.6	−8.9	−18.8	−23.3
21	−20.1	−10.9	−0.1	11.6	20.0	23.4	20.6	12.4	1.0	−10.4	−19.7	−23.4
25	−19.2	−9.4	1.5	12.9	20.8	23.4	19.8	11.1	−0.5	−11.8	−20.6	−23.4
29	−13.2	—	3.0	14.2	21.5	23.3	19.0	9.7	−2.1	−13.2	−21.3	−23.3

3．地平坐标系

人在地球上观看空中的太阳时，太阳相对地球的位置是对于地平面而言的，通常用高度角和方位角两个坐标决定，如图 2.8 所示。

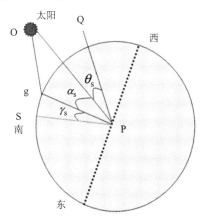

图 2.8　地平坐标系

在某个时刻，由于地球上各处的位置不同，因而各处的高度角和方位角也不相同。

(1) 天顶角 θ_s。天顶角就是太阳光线 OP 与地平面法线 QP 之间的夹角。

(2) 高度角 α_s。高度角就是太阳光线 OP 与其在地平面上投影线 Pg 之间的夹角，它表示太阳高出水平面的角度。

高度角与天顶角的关系为

$$\theta_s + \alpha_s = 90° \tag{2.3}$$

(3) 方位角 γ_s。方位角就是太阳光线在地平面上的投影和地平面上正南方向线之间的夹角。它表示太阳光线的水平投影偏离正南方向的角度，取正南方向为起始点(即 0°)，向西(顺时针方向)为正，向东为负。

三、太阳角的计算

III. Calculations of Solar Angle

1. 太阳高度角的计算

高度角、天顶角和纬度、赤纬角及时角的关系为

$$\sin \alpha_s = \cos \theta_s = \sin \varphi \sin \delta + \cos \varphi \cos \delta \cos \omega \tag{2.4}$$

在太阳正午时，$\omega = 0$，式(2.4)可简化为

$$\sin \alpha_s = \sin[90° \pm (\varphi - \delta)] \tag{2.5}$$

当正午太阳在天顶以南，即 $\varphi > \delta$ 时

$$\alpha_s = 90° - \varphi + \delta \tag{2.6}$$

当正午太阳在天顶以北，即 $\varphi < \delta$ 时

$$\alpha_s = 90° + \varphi - \delta$$

2. 方位角 γ_s 的计算

方位角与赤纬角、高度角、纬度及时角的关系为

$$\sin \gamma_s = \frac{\cos \delta \sin \omega}{\cos \alpha_s}$$

$$\cos \gamma_s = \frac{\sin \alpha_s \sin \varphi - \sin \delta}{\cos \alpha_s \cos \varphi}$$

3. 日出、日落的时角 ω_s 的计算

日出、日落时太阳高度角为 0°，由此可得

$$\cos \omega_s = -\tan \varphi \tan \delta$$

由于 $\cos \omega_s = \cos(-\omega_s)$，因此有

$$\omega_{sr} = -\omega_s; \quad \omega_{ss} = \omega_s$$

式中，ω_{sr} 为日出时角；ω_{ss} 为日落时角，以度表示，负值为日出时角，正值为日落时角。可见，对于某个地点，太阳的日出时角和日落时角相对于太阳正午是对称的。

4．日出、日落时间和日照时间的计算

日出、日落时间的计算方法如下：

$$H_{s日出} = 12 - \frac{\arccos(-\tan\varphi\tan\delta)}{15} \tag{2.7}$$

$$H_{s日落} = 12 + \frac{\arccos(-\tan\varphi\tan\delta)}{15} \tag{2.8}$$

日照时间为

$$N = H_{s日落} - H_{s日出} = \frac{2}{15}\arccos(-\tan\varphi\tan\delta) \tag{2.9}$$

单元三　太阳辐射量

Unit Ⅲ　Solar Insolation

单位时间内，太阳以辐射形式发射的能量称为太阳辐射功率或辐射通量，单位是瓦(W)。太阳投射到单位面积上的辐射功率(辐射通量)称为辐射度或辐射照度，单位是瓦/平方米(W/m²)。在一段时间内太阳投射到单位面积上的辐射能量称为辐照量，单位是kW·h/m²·d(m、y)。

一、大气层外的太阳辐射

Ⅰ．Solar Radiation beyond the Atmosphere

1．太阳常数

地球除自转外，还以椭圆形轨道绕太阳运行，也就是说，太阳与地球之间的距离不是一个常数。这就意味着，地球大气层上界的太阳辐射强度随日地间距离的不同而不同。实际上，由于日地之间距离很大，其相对变化量是很小的，由此引起的太阳辐射强度的相对变化不超过±3.4%。图 2.9 所示为太阳−地球之间的几何关系。

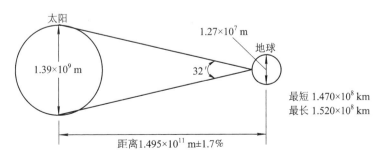

图 2.9　太阳−地球之间的几何关系

太阳常数 Gsc 的定义为：在平均日地距离处，地球大气层上界垂直于太阳光线表面的单位面积上，单位时间内所接收到的太阳辐射能。

1981 年，世界气象组织公布的太阳常数数值是 1367 ± 7 W/m²。

2．大气质量(AM)

如图 2.10 所示，大气层上界太阳与天顶轴重合时，太阳光线穿过一个地球大气层的厚度，路程最短。太阳光线的实际路程与此最短路程之比称为大气质量，并假定在 1 个标准大气压和 0℃时，海平面上太阳光线垂直入射时的路径为 AM = 1。因此，在航天中经常应用到大气层上界的大气质量 AM = 0。太阳在其他位置时，大气质量都大于 1。地面光伏应用中统一规定大气质量为 1.5，通常写成 AM1.5。

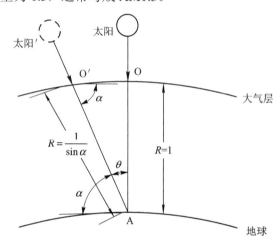

图 2.10　太阳光线在大气层的入射路程

地面上的大气质量计算公式为

$$\text{AM} = \sec\theta = \frac{1}{\sin\alpha} \qquad 0° < \alpha < 90° \tag{2.10}$$

其中，$\alpha = 41.81°$ 时，AM = 1.5，AM = 1.5 是测试太阳能电池标称输出功率的标准条件之一。

式(2.10)是从三角函数关系推导出来的，忽略了折射和地面曲率等影响，当 $\alpha < 30°$ 时，有较大误差。在光伏系统工程计算中，可采用下式计算：

$$\text{AM}(\alpha) = [1229 + (614\sin\alpha)^2]^{1/2} - 614\sin\alpha \tag{2.11}$$

大气质量越大，说明光线经过大气的路径越长，衰减越多，到达地面的能量就越少。

3．太阳辐射光谱

太阳辐射能随波长的分布称为太阳辐射光谱。

太阳辐射光谱分三个光谱区，紫外区($\lambda < 0.39\ \mu\text{m}$)、可见光区($\lambda$ 为 $0.39\ \mu\text{m} \sim 0.76\ \mu\text{m}$)和红外区($\lambda > 0.76\ \mu\text{m}$)。其中，可见光区占能量的 50%，红外区占 43%，紫外区占 7%。太阳辐射中可见光部分不仅辐射能量大，而且辐射最强，因此太阳光是可见的。

太阳光谱中能量密度的最大值是 0.475 μm，由此向短波方向，光波具有的能量急剧降低；向长波方向缓慢地减弱，如图 2.11 所示。在大气层外，太阳辐射总能量中约有 7%的能量在紫外线的波长范围内；47%的能量在可见光范围内；46%的能量在红外线波长范围内。

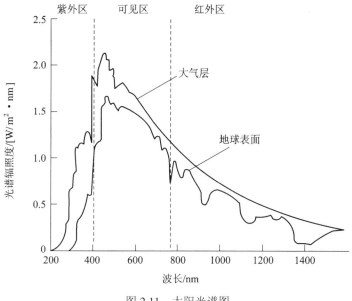

图 2.11　太阳光谱图

二、大气对太阳辐射的影响

II. Effects of Atmosphere on Solar Radiation

太阳辐射穿过地球大气层时，在大气层中将遇到各种成分并与之相互作用，使其中一部分能量被吸收、一部分被散射、一部分被反射回宇宙。大气层对太阳辐射的吸收、散射和反射过程同时进行，这样致使到达地球表面的太阳辐射能，无论是在量上还是在质上都发生了不同程度的减弱和变化。

1. 吸收作用

大气中的臭氧、氧、水汽和二氧化碳都能直接吸收一部分太阳辐射。臭氧主要吸收波长小于 0.3 μm 的紫外辐射。氧、水汽和二氧化碳的主要吸收带在近红外光谱区内。在可见光谱区中，也有几个吸收带。云和雾也吸收太阳辐射，吸收率随云状而异。各个成分对太阳辐射的吸收波段如表 2.2 所示。

表 2.2　各个成分对太阳辐射的吸收波段

气体成分	强吸收波段	弱吸收波段
氧	＜200 nm 的紫外光	690 nm～760 nm 的可见光
臭氧	200 nm～320 nm 的紫外光	600 nm 的可见光
水汽	930 nm～1500 nm 的红外光 （三个强吸收带）	600 nm～700 nm 的可见光 （三个弱吸收带）

被大气中气体分子和云层吸收的太阳辐射能量约占大气上界太阳辐射总能量的19%。

2. 散射作用

当太阳辐射通过大气时，遇到大气中的各种质点(空气分子、水蒸气、灰尘等)，太阳辐射能的一部分会散向四面八方，称为散射。散射过程中，能量并不损失，只是因为改变了一部分电磁波的方向，有部分能量返回宇宙空间，因此使到达地面的太阳辐射能量被减弱了。散射只改变辐射的方向，不改变辐射的性质。

散射与吸收不同，它不会把辐射能转变为粒子热运动的动能，而仅仅改变辐射的方向，使直射光变成漫射光，甚至使太阳辐射逸出大气层而不能到达地面。散射对辐射的影响随散射粒子的线度而变，一般分为两种。一种为分子散射，散射粒子小于辐射波长，散射强度与波长的四次方成反比。分子散射主要发生在可见光谱区，其中对蓝、紫光的散射能力最强，比对红光的散射能力大9倍，所以，晴朗无云的天空呈淡蓝色。另一种叫微粒散射，又称为米散射，水滴和灰尘等微粒的直径大于太阳辐射的波长，它们对各种波长的辐射几乎具有同等的散射能力。所以，当天空中尘粒杂质多或有云时，水平方向上呈乳白色，甚至呈红色，就是散射的结果。

3. 反射作用

大气中的云层和灰尘等微粒，都能反射太阳辐射，使一部分辐射通量返回宇宙空间。云层等反射的辐射通量约占辐射通量的20%。

总之，太阳辐射经过深厚的大气层后，由于大气的吸收作用、散射作用和反射作用，使辐射通量大约减少一半，因此地面接收的太阳辐射通量可能只有大气层外的一半左右。

三、到达地面的太阳辐射能

III. Solar Radiation to the Ground

1. 大气透明度

大气透明度是表征大气对于太阳光线透过程度的一个参数。当遇到晴朗无云的天气时，大气透明度高，到达地面的太阳辐射能就多；当天空中云雾或风沙灰尘多时，大气透明度低，到达地面的太阳辐射能就少。

通常用大气透明系数来表征大气透明度。大气透明系数(P)是指透过一个大气质量(AM = 1)后的太阳辐射通量(F_1)与透过前的太阳辐射通量(F_0)之比，即$P = \dfrac{F_1}{F_0}$。

影响大气透明系数的因素：一是大气中水汽和尘埃的含量。大气中易变成分是水汽和尘埃等固体微粒的含量，大气透明系数的变化决定于它们在大气中含量的变化。空气湿度大和固体微粒多时，大气透明系数减少，太阳辐射穿过大气层时被减弱的量多；反之，大气透明系数增大，太阳辐射被减弱的量少。二是波长。由于大气对不同波长辐射的吸收和散射作用是不同的，因此大气透明系数 P 与波长有关。大气对各种光谱的透明系数见表2.3。由表看出，波长短的透明系数小于波长长的。

表2.3　大气对各种光谱的透明系数

短波紫外线	紫外线	紫色光线	蓝色光线	绿色光线	黄色光线	红色光线	红外线	长波红外线
0%	32%	55%	64%	72%	76%	78%	80%	87%

从宇宙中辐射到达地面的太阳辐射能，由直射辐射和散射辐射两部分组成，两者的和称为太阳总辐射，简称总辐射。这里仅讨论水平面上的太阳辐射，不考虑倾斜面的太阳辐射的情况。

2. 水平面上的太阳直射辐射强度

如果某一时刻入射到水平面上的太阳直射辐射强度为 E_{bh}，入射光线与水平面的夹角为 θ_s，如图2.12所示，则

$$E_b \cdot A \cos\theta_s = E_{bh} \cdot A$$

即

$$E_{bh} = E_b \cdot \cos\theta_s \tag{2.12}$$

式中：A 为受光面积，E_b 为太阳的直射辐射强度，E_{bh} 为水平面上太阳直射辐射强度。

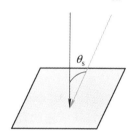

图2.12　太阳直射辐射示意图

水平面上的太阳直射辐射强度影响因子包括：大气透明系数、大气质量和太阳高度角，此外，纬度、海拔、坡度坡向和云量也有间接或直接的影响。

3. 水平面上的太阳散射辐射强度

在太阳能应用中，受光面不仅可以接收到太阳的直射照射，而且还可以吸收其散射照射。散射辐射部分相当复杂，它与天空的散射分布(云形、云量、大气)情况有关，而且有些散射是由地面辐射而来的。水平面上的太阳散射辐射强度用 E_{dh} 表示。

到达地面的太阳总辐射强度是太阳直射辐射强度和散射辐射强度的总和，即

$$E_{th} = E_{bh} + E_{dh} \tag{2.13}$$

4. 太阳总辐射的变化规律

1) 太阳总辐射的日变化

太阳辐射日总量指一日内到达地面单位面积的太阳辐射总量。日总量不仅和太阳高度角、大气透明系数有关，还和太阳照射时间(日照时数)有关。

太阳高度角在一天中随不同时间而变化，因而太阳辐射也产生了日变化。由日出到正午，随太阳高度角的增大，太阳辐射通量密度也不断增加，中午时达到最大值，午后太阳高度角逐渐降低，太阳辐射通量密度随之减弱。

一天中太阳辐射通量密度还随大气透明系数而变化，但是大气透明系数的日变化不如太阳高度角的日变化规律。在温暖的季节，正午时对流旺盛，大气的透明系数减少，如果它超过了太阳高度角的影响，则正午时的太阳辐射通量密度也可能不出现最大值。

2) 太阳总辐射的年变化

太阳辐射年总量指一年中到达地面单位面积的太阳辐射总量。年总量一般随纬度的增加而降低。

一般中、高纬度地区，夏季时太阳高度角大，日照时间长，太阳辐射通量密度大；冬季时太阳高度角小，日照时间短，太阳辐射通量密度小。

测 试 题
Test

一、选择题

1. 太阳能源来自太阳内部物质的(   )。

　　A. 核聚变　　　　B. 核裂变　　　　C. 动能　　　　D. 化学变化

2. 在任何时刻，从日轮中心到观测点间所连的直线和通过观测点的(   )之间的夹角叫太阳高度角。

　　A. 地面　　　　B. 正南　　　　C. 垂直面　　　　D. 水平面

3. 以下各项不属于大气对太阳辐射的影响的是(   )。

　　A. 吸收　　　　B. 散射　　　　C. 大气透明度　　　D. 大气质量

4. 以下各项物体对大气反射能力最强的是(   )。

　　A. 干净的雪　　　B. 干黑土　　　C. 棉花　　　　D. 水稻田

二、填空题

1. 太阳从中心到边缘可分为核反应区、_____、_____、_____。

2. 太阳大气分为光球、_____、_____。

3. 要确定太阳在天球上的位置，最方便的方法是采用天球坐标，常用的天球坐标有_____和_____两种。

4. 光学大气质量与太阳天顶角有关。当太阳天顶角为 0 度时，大气质量为 1；天顶角为 48.2 度时，大气质量为_____；天顶角为_____度时，大气质量为 2。

5. 太阳总辐照强度为_____和_____之和。

三、判断题

1. 同一时刻太阳高度角和太阳天顶角互为余角。 （ ）

2. 春分这一天太阳赤纬角最大。 （ ）

3. 太阳高度角随纬度增加而减小。 （ ）

4. 大气质量越大，大气层对太阳辐射的影响越大。 （ ）

5. 在地球大气层之外，地球与太阳平均距离处，垂直于太阳光方向的单位面积上的辐射能基本上为一个常数。这个辐射强度称为太阳常数。 （ ）

四、简答题

1. 太阳的结构是什么？

2. 上午 8 点和下午 3 点 30 分的时角分别是多少？

3. 什么是大气质量？AM1.5 的含义是什么？

4. 什么是太阳常数？普遍采用的数值是多少？

5. 到达地面的辐射能是什么？

6. 当太阳的天顶角为 0° 时，大气质量为 1。当天顶角为 45° 时，大气质量是多少？

模块三 太阳能应用分类

Module III The Classification of Solar Energy Applications

太阳能的应用种类很多，根据目前的状况来看，大致可以分为太阳能光电应用、太阳能光热应用、太阳能光热发电以及太阳能制冷四个方面。

单元一 太阳能光电应用

Unit I Photovoltaic Applications

太阳能的光电应用是太阳能应用的主要方面。太阳能光电应用主要是利用太阳能电池来实现的。如果按照太阳能电池厚度的不同进行划分，那么太阳能电池的种类主要分为市场上占主导地位的晶体硅太阳能电池以及具有很大发展潜力的薄膜太阳能电池两大类。

一、晶体硅太阳能电池

I . Crystalline-Silicon Solar Cells

晶体硅太阳能电池是指以晶体硅为基体材料的太阳能电池。由于晶体硅太阳能电池具有转换效率高、性能稳定等优点，因此自从光伏技术应用开始，其一直占有主导地位。晶体硅太阳能电池包括单晶硅太阳能电池和多晶硅太阳能电池两类。

1. 单晶硅太阳能电池

单晶硅太阳能电池是采用单晶硅片来制造的太阳能电池，这类太阳能电池发展最早，技术也最为成熟。与其他种类的电池相比，单晶硅太阳能电池的性能稳定、转换效率高，目前规模化生产的商品电池转换效率已达 19.5%～23%。由于技术的进步，单晶硅太阳能电池的价格在不断降低。单晶硅太阳能电池曾经长时期占领最大的市场份额，但由于生产成本较高，在 1998 年后其年产量已被多晶硅太阳能电池超过。不过，单晶硅太阳能电池技术仍在继续发展，可通过大规模生产和向超薄、高效方向发展，从而有望进一步降低成本，并保持较高的市场份额。

2．多晶硅太阳能电池

在制作多晶硅太阳能电池时，作为原料的高纯硅料不是被拉成单晶，而是熔化后浇铸成正方形的硅锭，然后使用切割机切成薄片，再加工成电池。由于硅片是由多个不同大小、不同取向的晶粒构成的，因而多晶硅的转换效率要比单晶硅的低，规模化生产的多晶硅太阳能电池转换效率已达到18.5%～20.5%。由于其制造成本比较低，所以近年来发展很快，已成为产量和市场占有率最高的太阳能电池。

二、薄膜太阳能电池

Ⅱ．Thin Film Solar Cells

薄膜太阳能电池可以用价格低廉的玻璃、塑料、陶瓷、石墨、金属片等不同材料当基板来制造，形成可产生电压的薄膜，厚度仅需数微米，因此在同一受光面积下较晶硅太阳能电池可大幅减少原料的用量(厚度可低于晶硅太阳能电池90%以上)。薄膜太阳能电池除可制成平面结构之外，还可以制作成非平面结构，这使得薄膜电池被广泛应用。

1．薄膜太阳能电池的特点

与晶体硅电池相比，薄膜电池具有一系列突出的优点：

(1) 生产成本低。薄膜电池在生产过程中，所需要的反应温度低，可以在200℃左右的温度下制造，因此可在玻璃、不锈钢板等基底上进行薄膜沉积，易于实现规模化生产，成本不高。

(2) 材料用量少。薄膜电池的厚度只有几百微米，甚至只有几个微米，与晶硅电池相比，材料用量少。

(3) 高温性能好。对于晶硅电池，温度每升高1℃，输出功率约下降0.5%，而薄膜电池温度系数较低，如相同条件下，薄膜太阳能电池只下降0.25%，因而其输出功率受温度的影响比晶硅太阳能电池要小得多。

(4) 制造过程消耗电力少，能量偿还时间短。与晶硅电池相比，薄膜电池的制备温度较低，所以消耗的电力少很多。晶硅太阳能电池的能量偿还时间为2年～3年，而转换效率为6%的薄膜太阳能电池只要1年～1.5年。

(5) 制造工艺简单，可连续、大面积、自动化批量生产。例如，采用玻璃基板的薄膜太阳能电池，主要采用的是等离子增强型化学气相沉积(PECVD)法，生产方式自动化程度高，可以实现大批量生产。

(6) 弱光响应好。薄膜太阳能电池在整个可见光范围内的光谱响应范围广，在实际使用中对低光强有较好的适应性，而且能够吸收散射光，因此在较弱光照下仍然可以发电。

(7) 可与建材整合运用(BIPV)。因为薄膜电池的厚度可以做得很薄，具有透光性，因此可以将电池沉积到玻璃衬底上，作为建筑物的玻璃幕墙，也可以做成曲面的或者柔性的太阳能电池，与建筑材料结合起来，作为建筑物的一部分来使用。

薄膜太阳能电池主要有以下缺点：

(1) 转换效率偏低。转换效率偏低主要指的是规模化生产的非晶硅薄膜太阳能电池，其转换效率要比晶硅太阳能电池的低。

(2) 相同功率所需要的面积较大。由于薄膜太阳能电池的效率偏低，与晶硅太阳能电池相比，使用时需要较大的面积，这也使薄膜太阳能电池的应用受到限制。

(3) 稳定性差。光电转换效率在强光照后会出现输出逐渐衰减的现象。目前研究较多的钙钛矿薄膜太阳能电池，其转化效率高于晶硅太阳能电池，但是稳定性问题还没有彻底解决。

(4) 固定资产投资大。薄膜太阳能电池需要专门的、先进的生产设备，对生产环境要求也很高，因此前期需要较高的投资。

2．薄膜太阳能电池的分类

薄膜太阳能电池通常可分为硅基薄膜电池，包括非晶硅、微晶硅等薄膜电池，还有化合物太阳能电池，包括碲化镉(CdTe)电池、铜铟镓硒(CICS)电池，以及染料敏化电池(DSSC)、有机薄膜太阳能电池(OPV)、钙钛矿薄膜电池等。

1) 硅基薄膜太阳能电池

(1) 非晶硅薄膜太阳能电池。

目前占市场最大份额的薄膜太阳能电池是非晶硅薄膜太阳能电池，通常为 P-I-N 结构电池，窗口层为掺硼的 P 型非晶硅，接着沉积一层未掺杂的 I 层，再沉积一层掺磷的 N 型非晶硅。非晶硅薄膜太阳能电池的厚度不到 1 μm，不足晶硅太阳能电池厚度的 1/100，可节省供应紧张的硅材料，也大大降低了制造成本。又由于分解沉积的温度比较低(200℃左右)，因此制作时能量消耗少，成本比较低，适于大规模生产。单片电池面积可以做得很大，整齐美观。在太阳光谱的可见光范围内，非晶硅的吸收系数比晶体硅大近一个数量级。非晶硅薄膜太阳能电池光谱响应的峰值与太阳光谱的峰值很接近。由于非晶硅材料的本征吸收系数很大，因此非晶硅薄膜太阳能电池在弱光下的发电能力远高于晶硅电池。在 1980 年非晶硅薄膜太阳能电池实现商品化后，日本三洋电器公司率先利用其制成计算器电源，此后应用范围逐渐从多种电子消费产品，如手表、计算器、玩具等扩展到户外电源、光伏电站等。非晶硅薄膜太阳能电池成本低，便于大规模生产，因此易于实现与建筑一体化，有着巨大的市场潜力。

但是非晶硅薄膜太阳能电池效率比较低，规模化生产的非晶硅薄膜太阳能电池转换效率多在 6%～10%。由于材料引发的光致衰减效应，特别是单结的非晶硅薄膜太阳能电池，稳定性不高。近 10 年来，虽经努力研究，目前非晶硅单结电池和叠层电池的最高转换效率都已显著提高，稳定性也有所改善，但尚未彻底解决问题，所以作为电力电源，还未能大量推广。

(2) 微晶硅薄膜太阳能电池。

为了获得具有高效率、高稳定性的硅基薄膜太阳能电池，近年来又出现了微晶硅薄膜太阳能电池。微晶硅可以在接近室温的低温下制备，特别是使用大量氢气稀释的硅烷，可以生成晶粒尺寸为 10 nm 的微晶硅薄膜，薄膜厚度一般在 2 μm～3 μm。到 20 世纪 90 年代中期，微晶硅电池的最高转换效率已经超过非晶硅电池，达到 10%以上，而且没有出现光致衰退效应，但至今尚未达到大规模工业化生产的水平。现在已投入实际应用的是以非晶硅太阳能电池为顶层、微晶硅太阳能电池为底层的(a-Si/μc-Si)叠层太阳能电池。目前，微晶硅(E_g =1.1 eV)和非晶硅(E_g = 1.7 eV)的叠层太阳能电池转换效率已经超过 14%，显示出良好的应用前景。然而，由于微晶硅薄膜中含有大量的非晶硅，所以不能像单晶硅那样直接形成 P-N 结，而必须做成 P-I-N 结。因此，如何制备获得缺陷密度很低的本征层，以及在温度比较低的工艺条件下如何制备非晶硅含量很少的微晶硅薄膜，是今后进一步提高微晶硅薄膜太阳能电池转换效率的关键。

2) 化合物薄膜太阳能电池

化合物薄膜太阳能电池是指由化合物半导体材料制成的太阳能电池，目前应用较多的主要有以下几种。

(1) 单晶化合物薄膜太阳能电池。

单晶化合物薄膜太阳能电池主要有砷化镓(GaAs)太阳能电池。砷化镓的能隙为 1.4 eV，是很理想的电池材料。这是单晶电池中效率最高的电池，多结聚光砷化镓电池的转换效率已超过 40%。由于效率最高，所以早期在外层空间得到了应用。但是砷化镓电池价格昂贵，而且砷是有毒元素，所以极少在地面应用。

(2) 多晶化合物薄膜太阳能电池。

多晶化合物薄膜太阳能电池的类型很多，目前已实际应用的主要有碲化镉(CdTe)太阳能电池、铜铟镓硒(CIGS)太阳能电池等。

碲化镉(CdTe)属于化合物半导体，使用耐高温的硼玻璃作为基板时，电池转换效率可达 16%，而使用不耐高温，但是成本较低的钠玻璃做基板也可达到 12%的转换效率，优于非晶硅材料。此外，CdTe 是二元化合物，在薄膜制备方面比铜铟镓硒容易控制，再加上可应用多种快速成膜技术，容易应用于大面积建材。虽然 CdTe 优点很多，但是由于镉属于高污染性重金属，该种技术仍然没有大规模地开发和利用。

铜铟硒(CIS)或是铜铟镓硒(CIGS)也都属于化合物半导体。这两种材料的吸收光谱范围很广，而且稳定性也相当好。在转换效率方面，若是利用聚光装置的辅助，目前两者转换效率已经可达 30%，标准环境下最低也已经可达到 19.5%，足以媲美单晶硅太阳能电池的最佳转换效率。若需大面积制备，采用柔性塑料基板的最佳转换效率也已经达到 14.1%。由于稳定性和转换效率都已经相当优异，因此被视为最有发展潜力的薄膜太阳能电池种类之一。

3) 有机薄膜太阳能电池

有机薄膜太阳能电池，就是由有机材料构成核心部分的太阳能电池，它主要以具有光敏性质的有机物作为半导体的材料，由光伏效应产生电压形成电流，实现太阳能发电的效果。

一般认为有机薄膜太阳能电池是利用有机小分子或有机聚合物直接或间接制成将太阳能转变成电能的器件。有机小分子材料指的是一些含共轭体系的染料分子，它们能够很好地吸收可见光，从而表现出较好的光电转换特性，具有化合物结构可设计、材质较轻、生产成本低、加工性能好、便于制备大面积太阳能电池等优点。由于有机小分子材料一般溶解性较差，因而在有机薄膜太阳能电池中一般采用蒸镀的方法来制备小分子薄膜层。有机薄膜太阳能电池器件中常用的小分子材料主要有酞菁、卟啉、并五苯和富勒烯等。

有机聚合物材料首先必须是导电高分子，并且聚合物的微观结构和宏观结构都对聚合物材料的光电特性有较大影响。导电性聚合物的分子结构特征是含有大的π电子共轭体系，而聚合物材料的分子量影响着共轭体系的程度。材料的凝聚状态(非晶和结晶)、结晶度、晶面取向和结晶形态都会对器件光电流的大小有影响。主要的聚合物材料有聚对苯乙烯(PPV)、聚苯胺(PANl)和聚噻吩(PTh)以及它们的衍生物等。

有机薄膜太阳能电池工作的基本物理过程为：

① 光的吸收和激子(Exciton)的产生。太阳光通过透明或者半透明的电极，进入有机材料中，光被有机材料吸收后，激发有机分子，从而产生激子。

② 激子的扩散和解离。激子产生后，因浓度的差别而在材料中产生扩散运动，一部分激子扩散到达解离界面后，被拆分为电子和空穴。

③ 载流子的收集。被拆分后的电子和空穴，要被正负极收集，从而对器件的光电流做贡献。有效的载流子分离需要一定的电场的作用，在有机太阳能电池器件中，这个电场是由有机电池正负极材料功函数的差值来提供的。

4) 染料敏化薄膜太阳能电池

染料敏化薄膜太阳能电池(DSSC)主要是指以染料敏化的多孔纳米结构——二氧化钛(TiO_2)薄膜为光阳极的一类太阳能电池，它是仿生植物叶绿素光合作用原理的太阳能电池。染料敏化薄膜太阳能电池以低成本的纳米二氧化钛和光敏染料为主要原料，制备简便、成本低廉、寿命可观，具有不错的市场前景。

(1) 染料敏化薄膜太阳能电池的结构组成。

染料敏化薄膜太阳能电池由纳米多孔半导体薄膜(通常为金属氧化物(TiO_2、SnO_2、ZnO等))聚集在有透明导电膜的玻璃板上作为负极，敏化染料吸附在负极的金属氧化物上，对电极作为还原催化剂，通常在带有透明导电膜的玻璃上镀上铂。在电池的正负极之间填充含有氧化还原电对的电解质，最常用的是 I_3^-/I^-。典型的染料敏化薄膜太阳能电池结构如图3.1所示。

(2) 染料敏化薄膜太阳能电池的工作过程分为以下5个步骤：

① 染料受光激发由基态跃迁到激发态；

② 染料激发态分子将电子注入到半导体导带；

③ 氧化态染料被电解质中的还原态离子还原，染料再生；

④ 导带中的电子在纳米晶格中传输到导电玻璃中；

⑤ 电解质氧化态离子扩散到对电极上得到电子，生成还原态电解质。

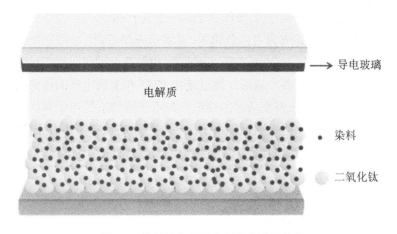

图 3.1　染料敏化薄膜太阳能电池的结构

(3) 染料敏化薄膜太阳能电池与传统的太阳能电池相比的优势：

① 寿命长：使用寿命可达 15 年～20 年；

② 结构简单、生产工艺简便，易于大规模工业化生产；

③ 制备过程耗能较少，能源回收周期短；

④ 生产成本较低，仅为硅太阳能电池的 1/5～1/10，预计每峰瓦的电池的成本在 10 元以内；

⑤ 生产过程中无毒无污染。

经过短短十几年时间，染料敏化薄膜太阳能电池的研究在染料、电极、电解质等各方面取得了很大进展，同时在效率、稳定性、耐久性等方面还有很大的发展空间。但真正使之走向产业化，服务于人类，还需要全世界各国科研工作者的共同努力。

5) 钙钛矿薄膜太阳能电池

钙钛矿薄膜太阳能电池是一种在染料敏化薄膜太阳能电池基础上发展起来的一种新型的太阳能电池。它最早是由日本科学家 Kojima 等于 2009 年提出的，其结构完全套用 DSSC 电池，只是常用的有机染料被具有钙钛矿结构卤化甲胺铅替代，因此这类太阳能电池被称为钙钛矿薄膜太阳能电池。钙钛矿薄膜太阳能电池通常是由透明导电玻璃、n 型致密层、钙钛矿吸收层、p 型空穴传输层、金属背电极 5 部分组成，其电池结构如图 3.2 所示。

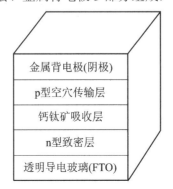

图 3.2　钙钛矿薄膜太阳能电池结构示意图

在太阳光照射时，钙钛矿层首先吸收光子，产生电子-空穴对。由于钙钛矿材料激子束缚能的差异，这些载流子或者成为自由载流子，或者形成激子，接着将导带电子注入到 TiO_2 的导带，再传输到 FTO(Fluorine-doped Tin Oxide)导电玻璃，同时，空穴传输至有机空穴传输层，实现电子-空穴对的分离。最后，通过连接 FTO 和金属电极的电路而产生光电流。当然，这些过程中总不免伴随着载流子的损失，如电子传输层的电子与钙钛矿层空穴的可逆复合、电子传输层的电子与空穴传输层的空穴的复合(钙钛矿层不致密的情况)、钙钛矿层的电子与空穴传输层的空穴的复合。要提高电池的整体性能，这些载流子的损失应该降到最低。

钙钛矿薄膜太阳能电池的优点：

① 带隙宽度合适，吸光系数高；

② 有机物成本低，结构具有稳定性，通过掺杂等手段可以调节材料带隙，实现类量子点功能；

③ 具有优良的双极性载流子运输性质，其电子/空穴运输长度大于 1 μm，载流子寿命长。

钙钛矿薄膜太阳能电池的缺点：

① 稳定性较差。钙钛矿晶体在空气中不稳定，水和氧气会破坏钙钛矿晶体结构，长时间紫外光照射和高温也会使电池性能下降。

② 安全性不高。含铅化合物的毒性对人体和环境都有很大伤害，电池如何封装和防止铅元素进入环境亟待解决。

③ 大面积均匀性难以保证。面积越大，钙钛矿吸光层均匀性越难保证，电池大面积制造存在困难。

④ 需要制备高质量 $CH_3NH_3PbI_3$。

单元二　太阳能光热应用

Unit Ⅱ　Applications of Solar Photothermal

太阳能光热是指太阳辐射的热能。本单元所介绍的太阳能光热应用主要是太阳能热能的直接应用，其应用最多的是太阳能集热器，另外还有其他各种形式的热能直接利用，如太阳房、太阳灶、太阳能温室、太阳能干燥、太阳能海水淡化等。

一、太阳能集热器

Ⅰ. Solar Collector

由于太阳能非常分散，必须将阳光集中起来再加以利用，所以太阳能光热应用的关键部件是太阳能集热器。如何选择合适的太阳能集热器是太阳能光热应用系统合理运行的关键。

1．太阳能集热器的定义

太阳能集热器是太阳能光热应用系统的关键部件，其主要功能就是尽可能多地吸收太阳辐射，产生热量，并将热能传递到传热介质。整个系统再配套循环管路、控制系统等，将传热介质所携带的热能根据系统设计需要进行储存或者用于用能末端。

2．太阳能集热器的分类

(1) 按集热器的传热工质类型，可分为液体集热器和空气集热器。

(2) 按集热器内是否有真空空间，可分为平板型太阳能集热器和真空管型太阳能集热器。

(3) 按集热器是否跟踪太阳，可分为跟踪式集热器和非跟踪式集热器。

(4) 按集热器的工作温度范围，可分为低温集热器(40℃～80℃)、中温集热器(80℃～250℃)和高温集热器(250℃～800℃)。

目前应用较为广泛的太阳能集热器为平板型太阳能集热器和真空管型太阳能集热器。

3．平板型太阳能集热器

平板型太阳能集热器的结构由吸热板、透明盖板、保温层和外壳四部分组成，如图3.3所示。平板型太阳能集热器是当前应用得最广泛的一种太阳能热应用装置，已经广泛应用于生活用水加热、游泳池加热、工业用水加热、建筑物采暖与空调等诸多领域。由于它不带聚光镜，故只能提供较低温度的热能。

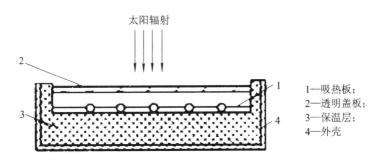

图3.3　典型平板型太阳能集热器结构

1) 吸热板

吸热板是平板型太阳能集热器内吸收太阳辐射能并向传热工质传递热量的部件，其基本上是平板状。平板型太阳能集热器的吸热板的面积与透明盖板的相同。吸热板应尽可能多地吸收太阳辐射，并将吸收到的太阳辐射能尽快地传给传热介质，同时散失到周围环境的热损失应尽量小。为了使吸热板可以最大限度地吸收太阳辐射能并将其转换成热能，在吸热板上应覆盖深色的涂层，称为太阳能吸收涂层。太阳能吸收涂层可分为两大类：非选择性吸收涂层和选择性吸收涂层。非选择性吸收涂层是指其光学特性与辐射波长无关的吸收涂层，选择性吸收涂层则是指其光学特性随辐射波长不同有显著变化的吸收涂层。良好的吸热板涂层对不同入射角的太阳辐射都有很高的吸收率，通常可达到95%以上。

2) 透明盖板

透明盖板是平板型太阳能集热器中的覆盖吸热板，是由透明(或半透明)材料组成的板状部件，一般为高透过率、低反射率、低吸收率的玻璃。透明盖板的作用有三个：一是透过太阳辐射，使其投射在吸热板上；二是保护吸热板，使其不受灰尘及雨雪的侵蚀；三是形成温室效应，阻止吸热板在温度升高后通过对流和辐射向周围环境散热。

3) 保温层

保温层是集热器中抑制吸热板通过传导向周围环境散热的部件，以提高集热器的热效率。保温层要求保温性能好，即材料的导热系数小、不易变形或挥发、不产生有毒气体、不吸水。保温层的厚度，应根据选用的材料种类、集热器的工作温度、使用地区的气候条件等因素来确定。材料的导热系数越大、集热器的工作温度越高、使用地区的气温越低，则保温层的厚度要求就越大。一般来说，底部保温层的厚度为 3 cm～5 cm，四周保温层的厚度为底部的一半。常用的保温层材料有岩棉、矿棉、聚氨酯、聚苯乙烯、超细玻璃棉等。目前使用较多的是岩棉，如果有条件，则最好使用聚氨酯发泡。

4) 外壳

外壳是集热器中保护及固定吸热板、透明盖板和保温层的部件。集热器的外壳既起美化外观的作用，又将吸热板、盖板和保温材料组成一个整体，并保持一定的刚度和强度以便于安装，还具有较好的密封性及耐腐蚀性。目前所使用的外壳材料，一般有铝合金板、不锈钢板、碳钢板、塑料、玻璃钢等。为了提高外壳的密封性，有的产品已采用铝合金板一次模压成型工艺。

4. 真空管型太阳能集热器

真空管型太阳能集热器是将吸热体与透明盖层之间的空间抽成真空的太阳能集热器。目前市面上真空管太阳能集热器主要有三大系列产品，分别是：普通型全玻璃真空管型太阳集热器、金属吸热体真空管型太阳能集热器和 U 型管式全玻璃真空管型太阳能集热器。目前仍然以普通型全玻璃真空管型太阳能集热器为主。

1) 普通型全玻璃真空管型太阳能集热器

典型全玻璃真空管型太阳能集热器结构如图 3.4 所示，由同轴的内、外两根玻璃管构成，内外玻璃管之间抽真空。外玻璃为透明的高透过率、低吸收率和低反射率的玻璃，内玻璃管壁面涂有高吸收率和低反射率的选择性吸收涂层，作为吸热体加热管内传热物质，将太阳能转换为热能。这种集热器采用单端开口设计，开口端将内外玻璃管熔封连接，在内外玻璃之间形成真空夹层；封闭端为半球型圆头，由弹簧支架支撑，可以自由伸缩，实现热胀冷缩。

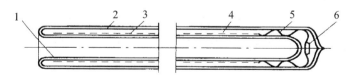

1，2—内玻璃管；3—选择性吸收涂层；4—真空夹层；5—弹簧支架；6—消气剂

图 3.4　典型全玻璃真空管型太阳能集热器结构

普通型全玻璃真空管型太阳能集热器一般分为竖排真空管型太阳能集热器和横排真空管型太阳能集热器。竖排真空管型太阳能集热器见图 3.5(a)所示，由于水密度会随水温发生变化，因此竖排真空管内冷水下沉，热水上升，形成自然循环。横排真空管型太阳能集热器见图 3.5(b)所示，横排真空管型太阳能集热器由集热联箱、全玻璃真空管、支架和尾托组成。

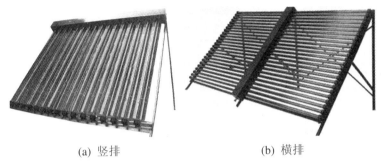

(a) 竖排   (b) 横排

图 3.5 竖排和横排全玻璃真空管型太阳能集热器

2) 金属吸热体真空管型太阳能集热器

金属吸热体真空管型太阳能集热器的吸热体是由金属材料组成的真空管，有时也称为金属-玻璃真空管集热器，其中最具代表性的是热管式真空管集热器，其结构如图 3.6 所示，由热管、玻璃管、金属封盖、弹簧支架、蒸散型消气剂和非蒸散型消气剂等部分构成，其中热管又包括蒸发段和冷凝段两部分。

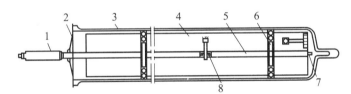

1—热管冷凝段；2—金属封盖；3—玻璃管；4—金属吸热板；5—热管蒸发段；
6—弹簧支架；7—蒸散型消气剂；8—非蒸散型消气剂

图 3.6 热管式真空集热器结构示意图

热管式真空集热器工作时，太阳辐射穿过玻璃管后投射在金属吸热板上。吸热板吸收太阳辐射能并将其转换为热能，再传导给紧密结合在吸热板中间的热管，使热管蒸发段内的工质迅速汽化。工质蒸汽上升到热管冷凝段后，在较冷的内表面上凝结，释放出蒸发潜热，将热量传递给集热器的传热工质。凝结后的液态工质依靠其自身的重力流回到蒸发段，然后重复上述过程。目前，国内大都使用铜-水热管，国外也有使用有机物质作为热管工质的，但必须满足工质与热管材料的相容性。

3) U 型管式全玻璃真空管型太阳能集热器

如图 3.7 所示，在普通全玻璃真空管内插入 U 型铜管，铜管外设置翅片。翅片与真空管内壁接触，起到传递热量的作用。U 型铜管与水或介质管路系统组成循环回路，通过循环进行换热。全玻璃真空管内管管壁由于涂有选择性吸收性涂料，所以在阳光照射下，管壁可吸收太阳辐射能，再通过导热及对流换热将太阳能传递给铜管内的液体介质。工程上一般在铜管内注入防冻液。

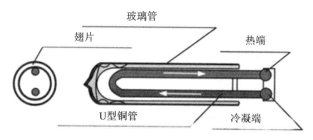

图 3.7　U 型管式全玻璃真空管型太阳能集热器结构

上述三种太阳能集热器各有其特点，普通型全玻璃真空管型太阳能集热器以其低成本、长寿命、高效率等特点占据了太阳能市场的大部分份额，金属吸热体真空管型太阳能集热器以其优良的热导传热效果主要应用于一些高速传热和散热的工业设备制造，U 型管式全玻璃真空管型太阳能集热器主要应用于高档住宅和水质要求较高的用水场所。

二、其他种类太阳能光热应用

II. Other Types of Solar Photothermal Applications

1. 被动式太阳房

所谓太阳房，是指利用太阳的辐射能量代替部分常规能源，使建筑物达到一定温度环境的一种建筑。太阳房有主动式和被动式之分，被动式太阳房不需要任何主动式太阳房所必需的部件，如太阳能集热器、热交换设备、管道、水泵、风机等，仅仅依靠建筑方位的合理布置和通过窗、墙、屋顶等建筑物本身构件，就可以以自然热交换的方式(辐射、对流、传导)获得太阳能，如果获得的太阳能达到建筑采暖、空调所需能量的一半以上，则称此建筑物为被动式太阳房。换言之，被动式太阳房是根据当地气象条件，在基本上不添置附加设备的情况下，使房屋建造成在冬季可以有效地吸收和贮存太阳热能，而在夏天又能少吸收太阳能和尽可能多向外散热，具有能自动达到冬暖夏凉效果的一种特殊房屋。它是建筑物利用太阳热能的一种最简单的方式。被动式太阳房具有构造简单、造价低、回收年限短、不用特殊维护管理，而且可以节约常规能源和减少空气污染等优点。

被动式太阳房本身就是太阳能系统，自身存贮有大量热量，温度不会急剧变化，更符合人体热舒适感的要求。被动式太阳房可分为直接受益式、集热蓄热墙式、屋顶集热蓄热式、附加阳光间式等。

1) 直接受益式被动式太阳房

直接受益式被动式太阳房是让太阳光通过透光材料直接进入室内，是被动式太阳能采暖中和普通房差别最小的一种太阳房，其工作原理如图 3.8 所示。该类太阳房升温快、构造简单、建筑形式美观、热效率较高、造价低且管理方便。但如果设计不当，则很容易引起室温波动大,白天温度较高,晚上较低,舒适性差,辅助能耗增多。直接受益式被动式太阳房适宜建于气候比较温和的地区,用于寒冷地区效果较差。其适用于白天要求升温快的房间或只是白天使用的房间,如商店、学校、办公室、住宅的起居室等。若窗户有较好的保温措施,那么也可用于住宅的卧室等房间。

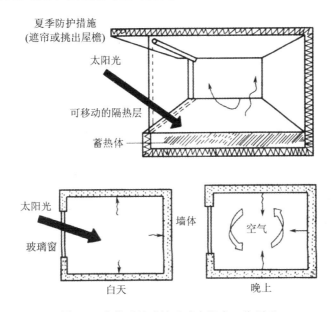

图 3.8 直接受益式被动式太阳房工作原理

2) 集热蓄热墙式被动式太阳房

集热蓄热墙式被动式太阳房室内温度波动小,居住舒适,但热效率较低,常和其他形式配合使用。可以通过调整集热蓄热墙的面积,满足各种房间对蓄热的不同要求,但此种太阳房结构复杂,玻璃夹层中间易积灰,不好清理,影响集热效果,且成本高,立面颜色较深,外形不太美观,因此推广上有一定的局限性。其工作原理如图 3.9 所示。

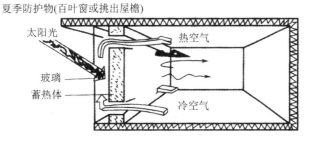

图 3.9 集热蓄热墙式被动式太阳房工作原理

3) 屋顶集热蓄热式被动式太阳房

屋顶集热蓄热式被动式太阳房是把平屋顶或坡屋顶的南向坡面做成集热蓄热墙形式,其主要结构由外到内依次为:玻璃盖板、空气夹层、涂有吸热材料且开有通风孔的屋顶,其工作原理如图 3.10 所示。目前,南向集热蓄热屋顶主要依靠热压作用带动空气循环流动加热室内空气。但由于屋顶竖向高差较小，热压作用不明显，为克服上述缺点并改善对流换热性能，可在出风口位置安装小型轴流风机，使夹层空气在玻璃盖板和屋顶之间以强迫对流的方式进行流动，提高供热效率。

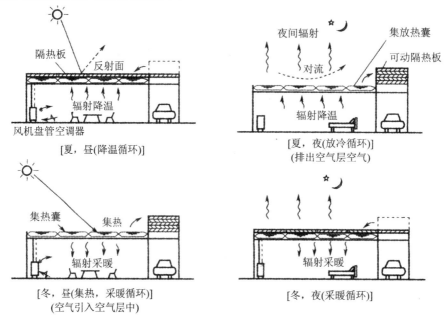

图 3.10　屋顶集热蓄热式被动式太阳房工作原理

4) 附加阳光间式被动式太阳房

附加阳光间式被动式太阳房是由直接受益式和集热蓄热墙式相结合的太阳房形式。建筑物由被储热墙隔开的两个受热区域组成：一是直接受益式阳光间，二是间接被加热的空间。阳光透过玻璃窗一部分直接照射在采暖房间，一部分被阳光间的地面和公共墙吸收，通过热空气循环和热传导进入采暖房间，起到太阳能供暖作用。

2．太阳灶

太阳灶是利用凹面镜会聚光的性质把太阳能收集起来，用于做饭、烧水的一种器具。太阳灶的作用就是把低密度、分散的太阳辐射能聚集起来，进行烹调，其外形如图 3.11 所示。

目前普遍应用的太阳灶有三种类型：一是热箱式太阳灶，形状像个箱子，上面开有窗洞，窗洞对准太阳，箱内温度靠不断积累太阳能而升到蒸烤食物的程度；二是聚光式太阳灶，用反射聚光器把太阳光直接反射集中到锅上或食物上，反射聚光器呈抛物面或球面；三是蒸

图 3.11　太阳灶

汽式太阳灶，它利用平板型太阳能热水器把水烧沸产生蒸汽，然后再利用蒸汽蒸煮食物。

目前应用最广泛的是聚光式太阳灶，它利用镜面反射汇聚阳光，效率明显提高。聚光

式太阳灶所用聚光镜面多样，其中最常用的是旋转抛物面，它把镜面反射的阳光汇聚到锅底，形成一个炽热的光团，温度可达 400℃～1000℃，是目前适用于聚光式太阳灶的最佳聚光镜面。

太阳灶的优点是经济效益较高，不用煤、电、液化气和柴草，只利用太阳光就可以烧水、做饭。对环境无任何污染，节约煤炭和柴草，减少二氧化碳排放量，这样不仅解决了燃料问题，还可以大量减少焚烧。但是，其受天气影响较大，阴雨天不能用；受场地影响较大，室内无法使用；受市场规律影响较大。

3．太阳能温室

太阳能温室是根据温室效应的原理建造的，其外观如图 3.12 所示。温室内温度升高后所发射的长波辐射能阻挡热量或有很少热量透过玻璃或塑料薄膜散失到外界，温室的热量损失主要是通过对流和导热。如果人们采取密封、保温等措施，则可减少这部分热损失。如果室内安装储热装置，那么这部分多余的热量就可以储存起来了。

图 3.12　太阳能温室

在夜间没有太阳辐射时，太阳能温室会向外界散发热量，这时温室处于降温状态。为了减少散热，夜间要在温室外部加盖保温层。若温室内有储热装置，则晚间可以将白天储存的热量释放出来，以确保温室夜间的最低温度。

太阳能温室在中国北方，还能与沼气利用装置相结合，用来提高池温、增加产气率。比如由德州华园新能源公司设计承建的东北地区三位一体太阳能温室，就包括了太阳能温室种植-沼气升温-居住采暖等功能，为北方地区冬季生活带来了舒适和温暖。

太阳能温室对养殖业(包括家禽、家畜、水产等)同样具有很重要的意义，它不仅能缩短生长期，还能对提高繁殖率、降低死亡率都产生明显的效果。因此，太阳能温室已成为中国农、牧、渔业等现代化发展不可缺少的技术装备。

4．太阳能干燥

太阳能干燥的方式有两种：一种为加透明盖板进行直接曝晒，称为吸收式；另一种为利用太阳能加热某种流体，然后将此流体直接或间接加热待干燥的物体，称为间接式或对流式。对流式太阳能干燥器一般以空气为工质，空气在太阳能集热器中被加热，在干燥器内与干燥的湿物料接触，热空气把热量传给湿物料，使其中水分汽化，并把水蒸气带走，从而使湿物料干燥。

太阳能-热泵联合干燥技术是一种节能效果显著的干燥技术。热泵与常规太阳能干燥设备一起组成热泵干燥装置。干燥介质在干燥器内全部循环使用。热泵工质在蒸发器中吸收干燥过程排放的废气中的热量，使废气中的大部分水蒸气在蒸发器中被冷凝下来直接排掉。从蒸发器出来的制冷剂蒸汽，经压缩机绝热压缩后进入冷凝器。在冷凝器高压下，热泵工质冷凝液化放出冷凝潜热，加热来自蒸发器的已降温去湿的低温空气，低温空气加热到要求的温度后，进入干燥器内作干燥介质。而从冷凝器出来的热泵工质经膨胀阀绝热膨胀，再进入蒸发器，如此循环。

5. 太阳能海水淡化

太阳能海水淡化技术将太阳能采集与脱盐工艺两个系统相结合，是一种可持续发展的海水淡化技术。太阳能海水淡化主要是利用太阳能蒸馏器来实现的。太阳能蒸馏器的运行原理是利用太阳能产生热能驱动海水发生相变过程，即产生蒸发与冷凝。图3.13所示为太阳能海水淡化装置。根据是否使用其他的太阳能集热器将太阳能蒸馏系统分为被动式和主动式两大类。

图3.13　太阳能海水淡化装置

1) 被动式太阳能蒸馏系统

被动式太阳能蒸馏系统的典型就是盘式太阳能蒸馏器，人们对它的应用已有近150年的历史。由于它结构简单、取材方便，至今仍被广泛采用。目前对盘式太阳能蒸馏器的研究主要集中于材料的选取、各种热性能的改善以及将它与各类太阳能集热器配合使用。

2) 主动式太阳能蒸馏系统

被动式太阳能蒸馏系统的一个严重缺点是工作温度低，产水量不高，也不利于在夜间工作和利用其他余热。而主动式太阳能蒸馏器由于配备附属设备，可大幅度提高运行温度，内部的传热传质过程也得以改善。大部分主动式太阳能蒸馏器都能主动回收蒸汽在凝结过程中释放的潜热，所以，主动式太阳能蒸馏器能够得到比传统盘式太阳能蒸馏器高数倍的产水量。

单元三　太阳能光热发电

Unit Ⅲ　Solar Photothermal Power Generation

太阳能光热发电，也叫聚焦型太阳能热发电(Concentrating Solar Power，CSP)，是一种利用太阳能作为热源推动汽轮机发电的新型环保节能型装置，其特点是低能耗、无污染、能源完全洁净。

太阳能光热发电通过数量众多的反射镜或透射镜，将太阳的直射光聚焦采集，通过加热水或者其他工作介质，使太阳能转化为热能，利用与传统的热力循环一样的过程，形成高压高温的水蒸气来推动汽轮机发电机组工作，最终将热能转化成为电能。因此，太阳能光热发电技术可和传统火电发电技术顺利地结合在一起。

一、太阳能光热发电的类型

Ⅰ. Types of Solar Photothermal Power Generation

根据聚光方式的不同，太阳能光热发电可分为 4 种类型：塔式、槽式、碟式和线性菲涅尔式。这 4 种发电方式虽然各有差异，但都可以大致地分为太阳能集热系统、热传输和交换系统、发电系统 3 个基本系统。部分大型太阳能光热发电项目还增加一个储热系统。图 3.14 所示为 4 种光热发电方式的示意图。

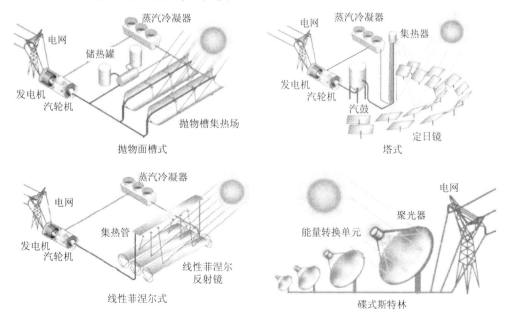

图 3.14　太阳能光热发电 4 种类型的发电方式

二、太阳能光热发电的发展趋势

Ⅱ. The Trend of Solar Photothermal Power Generation

太阳能是可再生能源的重要组成部分，具有限制条件较少、易于实施应用、能够实现大容量发电技术等优势。太阳能光热发电以其与现有电网匹配性好、光电转化率高、连续稳定发电和调峰发电的能力较强、发电设备生产过程绿色环保等特点，越来越为国际社会所重视，在未来将有广阔的发展前景。

1. 规模化能力高

以目前的技术水平，单座槽式或塔式光热发电电站的经济装机规模为 100 MW～250 MW，已相当于一台中型火电机组的输出功率，且未来单座光热发电电站的装机规模仍有望继续增长。

2. 有望真正替代火电

光热电站的光热发电特性使以热量的形式进行储能成为可能。以大规模的融盐储能装置，配合一定后备化石燃料供应，形成混合动力光热发电电站，将是未来大型光热发电电站的发展趋势。这将使太阳能光热发电电站能够实现 24 小时持续供电和输出功率高度可调节，从而具备作为基础支撑电源与传统火电厂竞争的潜力。

3. 成本下降空间大

预计未来 10 年内，技术相对最成熟的槽式系统的建设成本有望有一定程度的下降，而其他技术类型的成本下降空间则更大。提高单座电站的装机规模、相关部件大批量生产，以及提高系统工作温度以改善发电效率，将是光热发电电站降低建造和发电成本的主要途径。火电成本因化石能源价格的升高和碳排放税的征收而逐步升高，使得光热电力的价格优势将逐渐显现。

单元四　太阳能制冷

Unit Ⅳ　Solar Refrigeration

目前，大部分空调技术以电能为动力，把室内热量加以吸收再排到室外。虽然节能技术在不断发展，但依然消耗大量能量。家用空调年耗电量为 400 多亿 kJ，相当于三峡电站发电量的 50%，而我国绝大部分地区年均日照在 2000 h 以上，具有丰富的太阳能资源，因此可利用太阳能驱动空调系统，一方面可以大大减少不可再生能源及电力资源的消耗；另一方面，能减少因燃烧煤等常规燃料发电所带来的环境污染问题。太阳能用于空调制冷，最大的优点是季节匹配性好，天气越热，越是需要制冷。从理论上讲，太阳能制冷可由太阳能光电转换制冷和太阳能光热转换制冷两种途径来实现。太阳能光电转换制冷是通过太阳能电池将太阳能转换成电能，再用电能驱动常规的压缩式制冷机来实现的。在目前太阳能电池成本较高的情况下，对于相同的制冷功率，太阳能光电转换制冷系统的成本要比太阳能光热转换制冷系统的成本高出许多，目前尚难推广使用。太阳能光热转换制冷是将太阳能转换成热能，再利用热能驱动制冷机制冷，它主要包括太阳能吸收式制冷系统、太阳能吸附式制冷系统和太阳能喷射式制冷系统。其中，技术最成熟、应用最多的是太阳能吸收式制冷系统。

一、太阳能光电制冷

Ⅰ. Solar Photovoltaic Refrigeration

太阳能光电制冷是利用光伏转换装置将太阳能转化成电能后，再用驱动半导体制冷系统或常规压缩式制冷系统实现制冷。

1. 太阳能半导体制冷

太阳能半导体制冷是利用太阳能电池产生的电能来供给半导体制冷装置，实现热能传递的特殊制冷方式，图 3.15 所示为太阳能半导体制冷系统示意图。半导体制冷的理论基础是固体的热电效应，即当直流电通过两种不同导电材料构成的回路时，结点上将产生吸热或放热现象。如何改进材料的性能，寻找更为理想的材料，成为太阳能半导体制冷的重要问题。太阳能半导体制冷在国防、科研、医疗卫生等领域广泛地用作电子器件、仪表的冷却器，或制作小型恒温器等。目前太阳能半导体制冷装置的效率还比较低。

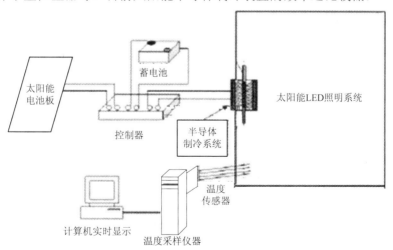

图 3.15　太阳能半导体制冷系统

2. 光电压缩式制冷

光电压缩式制冷首先利用光伏转换装置将太阳能转化成电能，制冷的过程是常规压缩式制冷。光电压缩式制冷的优点是可采用技术成熟且效率高的压缩式制冷技术，可以方便地获取冷量。光电压缩式制冷系统在日照好又缺少电力设施的一些国家和地区已得到应用，如在非洲国家用于生活和药品冷藏。但其成本比常规制冷循环高约 3～4 倍。随着光伏转换装置效率的提高和成本的降低，光电压缩式制冷将有广阔的发展前景。

二、太阳能光热制冷

Ⅱ. Solar Photothermal Refrigeration

太阳能光热制冷，首先将太阳能转换成热能，再利用热能作为外界补偿来实现制冷目的。光热转换实现制冷主要包括：太阳能吸收式制冷、太阳能吸附式制冷、太阳能除湿式制冷、太阳能蒸汽压缩式制冷和太阳能蒸汽喷射式制冷。其中，太阳能吸收式制冷已经进入了应用阶段，而太阳能吸附式制冷还处在试验研究阶段。

1. 太阳能吸收式制冷

太阳能吸收式制冷是利用某些具有特殊性质的工质对，通过一种物质对另一种物质的吸收和释放，产生物质的状态变化，从而伴随吸热和放热过程。太阳能吸收式制冷装置由发生器、冷凝器、蒸发器、吸收器、循环泵、节流阀等部件组成，工作介质包括制取冷量的制冷剂和吸收、解吸制冷剂的吸收剂。

吸收式制冷机与往复式或离心式制冷机截然不同，它没有运动的原动机。目前吸收式制冷机有两种，即氨-水吸收式和溴化锂-水吸收式。溴化锂-水吸收式制冷装置主要由发生器、冷凝器、蒸发器和吸收器 4 部分组成。这 4 部分分别装在两个圆柱形筒内。冷凝器和发生器装在上部圆筒内，蒸发器和吸收器装在下部的圆筒内，两圆筒之间用管路和泵连接，其工作原理见图 3.16。

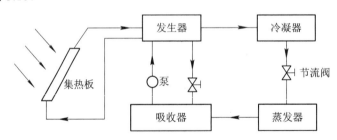

图 3.16 太阳能吸收式制冷工作原理

2. 太阳能吸附式制冷

太阳能吸附式制冷是利用吸附床中的固体吸附剂对制冷剂的周期性吸附、解吸附过程实现制冷循环的，其工作原理如图 3.17 所示。太阳能吸附式制冷系统主要由太阳能吸附集热器、冷凝器、储液器、蒸发器、真空阀等组成。常用的吸附剂和制冷剂工质对有活性炭-甲醇、活性炭-氨、氯化钙-氨、硅胶-水、金属氢化物-氢等。太阳能吸附式制冷具有系统结构简单、无运动部件、噪声小、无须考虑腐蚀等优点，而且它的造价和运行费用都比较低。

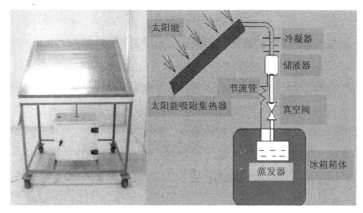

图 3.17　太阳能吸附式制冷工作原理

对于太阳能吸附集热器，既可采用平板型集热器，也可采用真空管集热器。通过对太阳能吸附集热器内进行埋管的设计，可利用辅助能源加热吸附床，以使制冷系统在合理的工况下工作。另外，若在太阳能吸附集热器的埋管内通冷却水，则可回收吸附床的显热和吸附热，以此改善吸附效果，还可为家庭或用户提供生活用热水。由于吸附床内一般为真空系统或压力系统(这要根据吸附剂和制冷剂的材料而定)，因而要求有良好的密封性。

蒸发储液器除了要求满足一般蒸发器的蒸发功能以外，还要求具有一定的储液功能，这可以通过采用常规的管壳蒸发器并采取增加壳容积的方法来达到此目的。

3. 太阳能除湿式制冷

太阳能除湿式制冷是利用吸湿剂对空气进行减湿，然后蒸发降温，对房间进行温度和湿度的控制，使用过的吸附剂被加热进行再生。再生过程一般可利用较低品位热能，因此适合于太阳能利用。其中，吸湿剂可采用氯化锂或硅胶等。

如图 3.18 所示，太阳能除湿式制冷系统主要由太阳能集热器、除湿器、蒸发冷却器和再生器等组成。除湿器一般为蜂窝转轮结构，通常由波纹板卷绕而成的轴向通道网组成。细微颗粒状的干燥剂均匀敷设在波纹板表面，庞大的内表面积能使干燥剂与空气充分接触。

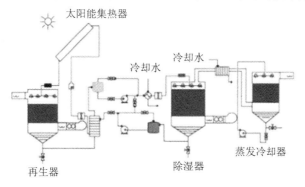

图 3.18　太阳能除湿式制冷系统

太阳能除湿式制冷系统工作时，待处理的湿空气进入转轮除湿器，被干燥剂绝热除湿，成为温度高于进口温度的干燥热空气。热空气经过转轮换热器被冷却，再经过蒸发冷却器进一步冷却到要求状态，然后送入室内，达到制冷除湿降温的目的。室外的空气经过蒸发冷却后，再进入转轮除湿器冷却干燥热空气，同时自身又达到预热状态。此时空气在再生器内被加热到需要的再生温度，然后进入转轮除湿器，使干燥剂可以再生。干燥剂中水分释放到再生气流中，湿热空气最终被排放到大气中去。

太阳能集热器可为再生器提供热源，使吸湿后的干燥剂被加热得以再生。太阳能除湿式制冷系统一般采用平板集热器或真空管集热器。

4. 太阳能蒸汽压缩式制冷

蒸汽压缩式制冷是利用液体的沸腾温度(饱和温度)随液体所处的压力而变化，压力越低，液体的饱和温度也越低。

蒸汽压缩式制冷系统由压缩机、冷凝器、膨胀阀、蒸发器四大主件组成。它是用人为方法使制冷剂在密闭系统内进行物态(气态、液态)变化，达到连续、稳定提供冷量的一套制冷装置。图 3.19 所示为太阳能蒸汽压缩式制冷系统示意图。由制冷压缩机抽吸从蒸发器流过来的低压、低温制冷剂蒸汽，经压缩机压缩成高压、高温蒸气而排出，这样就把制冷剂蒸汽分成了高压区和低压区。从压缩机的排出口至节流元件的入口端为高压区，该区压力称高压压力或冷凝压力，温度称为冷凝温度。从节流元件的出口至压缩机的吸入口为低压区，该区压力称为低压压力或蒸发压力，温度称为蒸发温度。正是由于压缩机造成的高压和低压之间的压力差，才使制冷剂在系统内不断地流动。一旦高、低压之间的压力差消失，即高低压平衡，制冷剂就停止了流动。高压区和低压区压力差的产生及压力差的大小，完全是压缩机压缩蒸汽的结果。一旦压缩机推动压缩蒸汽的能力，即形成的压力差很小，制冷循环也就不存在了。压缩机不停地运转是靠消耗电能或机械能来实现的。

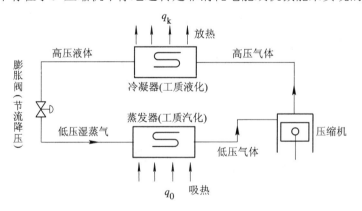

图 3.19　太阳能蒸汽压缩式制冷系统

5. 太阳能蒸汽喷射式制冷

太阳能蒸汽喷射式制冷系统用水作为制冷剂，仅可用于空气调节和某些生产工艺过程。蒸汽喷射式制冷机设备庞大，需要高位安装，一般在 10 米以上，以使冷水泵和冷却水泵吸入处为正压，且需要较高压力的工作蒸汽，所以应用日渐减少，有被溴化锂吸收式制冷机取代的趋势。

太阳能蒸汽喷射式制冷系统主要由太阳能集热器和蒸汽喷射式制冷机两部分组成。太阳能集热循环系统由太阳能集热器、锅炉、蓄热水箱等几部分组成。在此系统中，水或其他工质首先被太阳能集热器和锅炉加热，温度升高，然后再去加热低沸点工质至高温状态。低沸点工质的高压蒸汽进入蒸汽喷射式制冷机后放热，温度迅速降低，然后又回到太阳能集热器和锅炉再进行加热。

测 试 题
Test

一、选择题

1. 晶体硅太阳能电池种类有(　　)。
   A. 单晶硅 　　　　　　　　　　B. 多晶硅
   C. 单晶硅和多晶硅 　　　　　　D. 非晶硅

2. 目前(　　)占据主要光伏市场。
   A. 多晶硅太阳能电池 　　　　　B. 铜铟镓硒太阳能电池
   C. 单晶硅太阳能电池 　　　　　D. 非晶硅薄膜太阳能电池

3. 光伏组件转换效率最高的是(　　)。
   A. 单晶硅组件 　　　　　　　　B. 多晶硅组件
   C. 非晶薄膜组件 　　　　　　　D. GaAs 组件

4. 利用太阳能淡化海水常用(　　)的方法。
   A. 过滤 　　　　B. 水解 　　　　C. 蒸馏 　　　　D. 合成

5. 太阳灶能够烹饪食物是利用(　　)。
   A. 柴火 　　　　B. 通电 　　　　C. 太阳辐射 　　　D. 液化气

二、填空题

1. 硅基太阳能电池有单晶硅太阳能电池、多晶硅太阳能电池以及非晶硅太阳能电池等。通常情况下，其光电转换效率最高的是_____太阳能电池，光电转换效率最低的是_____太阳能电池。

2. 晶体硅太阳能电池包括单晶硅太阳能电池和_____。

3. 典型平板型太阳能集热器结构包括_____、_____、_____和外壳。

三、判断题

1. 多晶硅太阳能电池的转化率高，可靠性好，成本也较低。　　　　　(　　)

2. 太阳能制冷只包括光电制冷。　　　　　　　　　　　　　　　　　(　　)

3．太阳能热水器利用的是太阳辐射能的温室效应。 （　　）

4．太阳能热水器安装位置较高时，可以不需要防雷。 （　　）

5．晶体硅太阳能电池包括单晶硅太阳能电池和非晶硅太阳能电池。 （　　）

四、简答题

1．太阳能光伏应用的分类有哪些？

2．简述薄膜电池的优缺点。

3．太阳能光热发电的种类有哪些？

4．简述太阳能光热直接应用的分类。

5．太阳能制冷包括哪几种方式？

模块四　太阳能光伏发电应用技术

Module Ⅳ　The Application Technology of Solar Photovoltaic

太阳能光伏发电应用是太阳能应用的重要组成部分。光伏发电应用技术是利用太阳能电池半导体材料的光伏效应，将太阳光的辐射能直接转换成电能的一种发电方式。本模块主要介绍光伏发电原理、太阳能电池的电学特性以及晶体硅光伏电池制备工艺介绍等内容。

单元一　光伏发电原理

Unit Ⅰ　The Principle of Photovoltaic Power Generation

光伏发电原理的基础，是半导体 P-N 结的光生伏特效应，将光转换为电能主要基于光生伏特效应，这种效应在固体、液体和气体中均会发生。在固体中，尤其在半导体内，其光电转换的效率相对较高，因此半导体中的光电效应激起了人们的研究热情，光伏电池逐渐开始发展起来。

一、半导体

Ⅰ. Semiconductor

物质存在的形式多种多样，固体、液体、气体、等离子体等。我们通常把导电性差的材料，如煤、人工晶体、琥珀、陶瓷等称为绝缘体。而把导电性比较好的金属如金、银、铜、铁、锡、铝等称为导体。可以把导电特性介于导体和绝缘体之间的材料称为半导体，在室温时电阻率数量级大致如下：

导体：电阻率 $10^{-8} \leqslant \rho \leqslant 10^{-6}$ Ω·m 以下；

半导体：电阻率 $10^{-5} \leqslant \rho \leqslant 10^{7}$ Ω·m 之间；

绝缘体：电阻率 $10^{20} \geqslant \rho \geqslant 10^{8}$ Ω·m 以上。

半导体具有热敏特性、光敏特性，也可以掺入杂质，使之具有多种特性。另外，半导体材料具有很强的光伏效应。半导体的主要特点，不仅仅在于其电阻率在数值上与导体和绝缘体不同，而且还在于它在半导体性能上具有如下两个显著的特点。

(1) 电阻率的变化受杂质含量的影响极大，例如，纯硅中磷杂质的浓度在 10^{26} m^{-3}～10^{19} m^{-3} 范围内变化时，它的电阻率就会从 10^{-5} Ω·m 变到 10^4 Ω·m；室温下在纯硅中掺入百万分之一的硼，硅的电阻率就会从 2.14×10^3 Ω·m 减小到 0.004 Ω·m 左右。如果所含杂质的类型不同，导电类型也不同。

(2) 电阻率受光和热等外界条件的影响很大，温度升高或光照时，均可使半导体材料的电阻率迅速下降。例如锗的温度从 200℃升高到 300℃，其电阻率就将降低一半左右。一些特殊的半导体在电场和磁场的作用下，其电阻率也会发生变化。

二、能带结构

Ⅱ. Energy Band Structure

1. 能带的形成

半导体的许多电特性可以用一种简单的模型来解释，这个模型就是能带模型。量子力学证明，由于晶体中各原子间的相互影响，原来各原子中能量相近的能级将分裂成一系列和原能级接近的新能级。这些新能级基本上连成一片，形成能带。

两个氢原子靠近，结合成分子时，1S 能级分裂为两条，如图 4.1 所示。

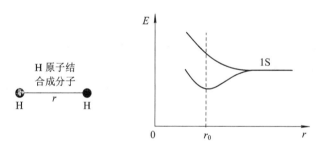

图 4.1　氢原子的能级

当 N 个原子靠近形成晶体时，由于各原子间的相互作用，对应于原来孤立原子的一个能级，就分裂成 N 条靠得很近但又大小不同的能级。这使原来处于相同能级上的电子，不再有相同的能量，而是处于 N 个很接近的新能级上，如图 4.2 所示。这些由许多条能量相差很小的电子能级所组成的区域，看上去像一条带子，因而称为能带。原子核周围的电子处在能级

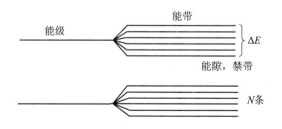

图 4.2　能带的形成

轨道中，每层轨道都有一个对应的能带，外层电子由于受到相邻原子的影响较大，因此它所对应的能带较宽，内层电子则由于受到相邻原子的影响较小，其所对应的能带较窄。电子在每个能带中的分布，一般是先填满能量较低的能级，然后逐步填充能量较高的能级。

2. 导带、价带和禁带

原子核外面的电子按照不同的能级分布。当两个原子互相靠近时，原来在某一能级上的电子分别处在分裂的两个能级上。这两个能级一个比原来的能级略低，另一个比原来的略高，这样的过程称为能级分裂。当晶体中大量的原子集合在一起时，每一个原子能级都分裂成很多子能级，这一系列的子能级很接近，形成能带，能带之间是任何电子都不能稳定存在的能量区域，称为禁带。价电子占据的能带称为价带，价带以上能量最低的允许带称为导带。

在低温时，晶体内的电子占有最低的可能能态。但是晶体的平衡状态并不是电子全都处在最低允许能级的一种状态。基本物理定理——泡利(Pauli)不相容原理规定，每个允许能级最多只能被两个自旋方向相反的电子所占据。这意味着，在低温下，晶体的某一能级以下的所有可能能态都将被两个电子占据，该能级称为费米能级(E_F)。随着温度的升高，一些电子得到超过费米能级的能量，考虑到泡利不相容原理的限制，任一给定能量 E 的一个所允许的电子能态的占有几率可以根据统计规律计算，其结果是由下式给出的费米-狄拉克分布函数 $f(E)$ 计算得出的，即

$$f(E) = \frac{1}{1 + e^{(E-E_F)/KT}}$$

现在就可用电子能带结构来描述金属、绝缘体和半导体之间的差别。

半导体结晶在相邻原子间存在着共用价电子的共价键，一旦从外部获得能量，共价键被破坏后，电子将从价带跃迁到导带，同时在价带中留出电子的一个空位。这个空位可由价带中邻键上的电子来占据，而这个电子移动所留下的新的空位又可以由其他电子来填补。这样，我们可以看成是空位在依次地移动，等效于带正电荷的粒子朝着与电子运动方向相反的方向移动，称它为空穴。在半导体中，空穴和导带中的自由电子一样会成为导电的带电粒子(即载流子)。

在金属中，价带和导带可能会发生交叠，不存在禁带，因此它具有良好的导电性，即使之接近 0 K，电子在外电场的作用下照样可以导电。而半导体存在十分之几 eV 到 4 eV 的禁带宽度。在 0 K 时电子充满价带，导带是空的，此时与绝缘体一样不能导电。当温度高于 0 K 时，晶体内部产生热运动，使价带中少量电子获得足够的能量，跃迁到导带，这个过程称为激发，这时半导体就具有一定的导电能力。激发到导带的电子数目是由温度和晶体的禁带宽度决定的。温度越高，激发到导带的电子数目越多，导电性能越好；温度相同，禁带宽度小的晶体，激发到导带的电子数目就多，导电性就好。而半导体与绝缘体的区别，在于禁带宽度不同。绝缘体的禁带宽度比较大，一般在 5 eV～10 eV，在室温时，激发到导带上的电子数目非常少，因而其导电率很小。绝缘体、半导体和导体的能带如图4.3 所示。

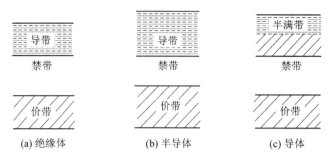

图 4.3　绝缘体、半导体和导体的能带

三、本征半导体和杂质半导体

III. Intrinsic Semiconductors and Impurity Semiconductors

1．本征半导体

本征半导体是指纯净的半导体，导电性能介于导体与绝缘体之间。在绝对零度时，能带结构如图 4.4(a)所示，满带中填满电子，而导带中没有电子。在外电场作用下，如果满带仍然是填满电子的，则外电场未能改变满带中电子的量子状态，即不能增加电子的能量和动量，因而不能产生电子的定向运动，不会产生电流。如果加强电场，或者利用热或光的激发，使满带中的电子获得足够的能量，大于其禁带宽度 E_g，而跃迁到导带中去，如图 4.4(b)所示，半导体则可导电。

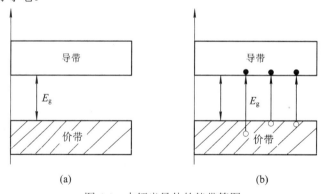

图 4.4　本征半导体的能带简图

在导带和价带中都存在导电条件，当价带中的部分电子受到激发会越过禁带进入能量较高的空带，空带中存在电子后成为导带，价带中缺少一个电子后形成一个带正电的空位，称为空穴。空穴导电并不是实际运动，而是一种等效。电子导电时等电量的空穴会沿其反方向运动。它们在外电场作用下产生定向运动而形成宏观电流，分别称为电子导电和空穴导电。这种由于电子-空穴对的产生而形成的混合型导电称为本征导电。具有本征导电的半导体称为本征半导体，如硅、锗、碲等都属于这一类半导体。在本征硅中，导电的电子和空穴均是由共价键破裂产生的，这时的电子浓度等于空穴浓度。在导电机制中，电子导电时半导体的载流子是电子，空穴导电时半导体的载流子是空穴。

2. 杂质半导体

根据需要可以在纯净半导体晶体点阵里，用扩散等方法掺入微量的其他元素。所掺入的元素，对半导体基体而言，称作杂质。掺有杂质的半导体称为杂质半导体。在纯净的半导体中适当掺入杂质，可提高半导体的导电能力，能改变半导体的导电机制。按导电机制，杂质半导体可分为 N 型(电子导电)和 P 型(空穴导电)两种。

(1) N 型半导体。N 型半导体指在本征半导体硅晶体中掺入少量的 5 价杂质磷，或者是砷、锑等，由于掺入的磷原子数量不大，晶体整体结构基本不变，但掺入的磷原子会取代硅原子的位置。掺入的磷原子是 5 价元素，磷原子最外层电子是 5 个，所以取代了硅原子位置后，它在与相邻的 4 个硅原子形成共价键后，还多余 1 个价电子，这个价电子只受到磷原子核的吸引，不被共价键束缚，很容易挣脱原子核的吸引而变成自由电子，从而使得硅晶体中的电子载流子数目大大增加。N 型半导体的晶体结构如图 4.5 所示。

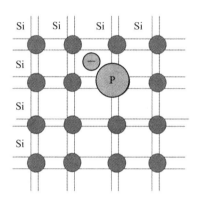

图 4.5 N 型半导体的晶体结构

在 N 型半导体中，主要靠自由电子导电，自由电子为多数载流子，也叫多子，空穴为少数载流子，也叫少子。自由电子主要由杂质原子提供，而空穴由热激发形成。掺入的杂质越多，多子的浓度就越高，导电性能就越强。

N 型半导体的杂质能级因靠近空带，杂质价电子极易向空带跃迁。因向空带供应自由电子，所以这种杂质能级称为施主能级，如图 4.6 所示。掺杂(即使很少)会使空带中自由电子的浓度比同温下纯净半导体空带中的自由电子的浓度大很多倍，从而大大增强了半导体的导电性能。

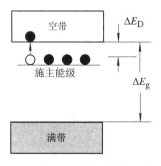

图 4.6 施主能级

(2) P 型半导体。P 型半导体指在本征半导体硅晶体中掺入少量的 3 价杂质硼，或者是铝、镓、铟等。这些 3 价的硼原子也会取代硅原子的位置，硼原子最外层只有 3 个价电子，当它与相邻的硅原子形成共价键时，还缺少一个价电子，因此在共价键上就出现了一个电子空位，也就是多了一个空穴，这个空穴可以吸引外来电子来填充。附近硅原子的共有价电子在热激发下，很容易转移到这个位置上来，于是在那个硅原子的共价键上就出现了一个空穴，使得硼原子成为不能移动的带负电的离子。这样每一个硼原子都能接受一个价电子，同时在附近产生一个空穴，从而使得硅晶体中的空穴载流子数目大大增加。图 4.7 所示为 P 型半导体的晶体结构。

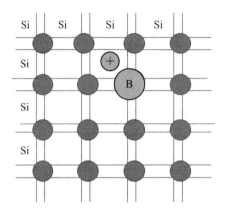

图 4.7　P 型半导体的晶体结构

在 P 型半导体中，主要靠空穴导电，空穴为多子，自由电子为少子。空穴主要由杂质原子提供，自由电子由热激发形成。掺入的杂质越多，多子的浓度就越高，导电性能就越强。这种杂质的能级紧靠满带顶处，满带中的电子极易跃入此杂质能级，使满带中产生空穴。这种杂质能级因接受电子而称为受主能级，如图 4.8 所示。这种掺杂使满带中空穴中较纯净的半导体的空穴浓度增加了很多倍，从而使半导体的导电性能增强。

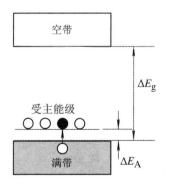

图 4.8　受主能级

实际半导体中，不同的杂质和缺陷都可能在禁带中产生附加的能级，价带中的电子先跃迁到这些能级中，然后再跃迁到导带中去，比电子从价带直接跃迁到导带中来得容易。虽然杂质半导体中有少量杂质的存在，却能显著地改变导带中的电子数和价带中的空穴数，从而显著地影响半导体的电导率。适当的杂质可得到所需的导电类型，但是，不适当的杂质也可以使半导体作废，因而在掺杂之前必须将半导体提纯。杂质半导体中，多子的浓度决定于掺杂原子的浓度，少子的浓度决定于温度。

四、P-N 结

Ⅳ. P-N Junction

在半导体内，由于掺杂物质的不同，使部分区域是 N 型，另一部分区域是 P 型，它们交界处的结构称为 P-N 结。

1. 多数载流子的扩散运动

在 P-N 结的两侧，P 型区中的自由空穴很多，而 N 型区中的自由电子很多，在交界面处，由于载流子的浓度差异，会造成多数载流子的扩散运动。

在靠近交界面附近的区域，空穴要由浓度大的 P 型区向浓度小的 N 型区扩散，并与那里的电子复合，从而使该处出现一些带正电荷的掺入杂质的离子，同时在 P 型区靠近结面处，由于失去一些空穴而呈现出带负电荷的掺入杂质的离子。

在靠近交界面附近的区域，电子要由浓度大的 N 型区向浓度小的 P 型区扩散，并与那里的空穴复合，从而使该处出现一些带负电荷的掺入杂质的离子，同时在 N 型区靠近结面处，由于失去一些电子而呈现出带正电荷的掺入杂质的离子。图 4.9 所示为多数载流子扩散运动示意图。

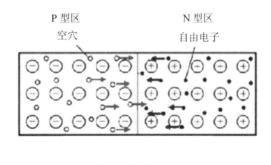

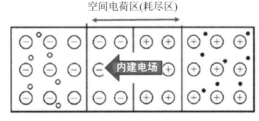

图 4.9　多数载流子扩散运动示意图

由浓度差造成的扩散运动，使得 P 型区和 N 型区的交界面处，靠近 N 型区的一边带正电荷，而靠近 P 型区的一边带负电荷，它们之间一层很薄的区域，称为空间电荷区(耗尽区)。

在这个区域内，由于两边分别积聚了正电荷和负电荷，因此会产生一个由 N 型区指向 P 型区的反向电场，称之为内建电场。

2．少数载流子的漂移运动

内建电场的存在，对空间电荷区内的载流子会有一定的作用，在内建电场的作用下，P 型区中的空穴在向 N 型区扩散时，由于运动方向与内建电场相反，因此会受到内建电场的阻力，可能会被拉回 P 型区。同样，N 型区中的电子在向 P 型区扩散时，也会受到内建电场的作用，而被拉回 N 型区，因此内建电场的存在会阻碍扩散运动的进行。对于 P 型区中的少子电子和 N 型区中的少子空穴，在内建电场的作用下，向 P-N 结的另一边运动，这种少数载流子在内建电场作用下的运动称为漂移运动，其载流子的运动方向与扩散运动方向相反。

3．P-N 结的形成

在 P-N 结的作用下，多数载流子的扩散运动和少数载流子的漂移运动趋向平衡，此时扩散运动与漂移运动数目相等且运动方向相反，总电流为零。二者达到动态平衡时，内建电场不再变化，空间电荷区的宽度稳定。如果条件和环境不变，则这个平衡状态不会被破坏，空间电荷区的厚度也就一定，这个厚度与掺杂浓度有关。

P-N 结是半导体器件，也是太阳能电池的核心。根据太阳光谱实现光电转换的需求，由理论分析得知，一般太阳能电池最常用的半导体材料的带隙在 1 eV～2 eV 之间，而在 1.4 eV 左右可获得最高的光电转换效率。

五、光生伏特效应

V．Photovoltaic Effect

当半导体的表面受到太阳光照射时，如果其中有些光子的能量大于或等于半导体的禁带宽度，就能使电子挣脱原子核的束缚，在半导体中产生大量的电子空穴对，这种现象称为内光电效应(原子把电子打出金属的现象是外光电效应)。由光照射，使 P-N 结产生电动势的现象称光生伏特效应。

半导体材料就是依靠内光电效应把光能转化为电能的，因此实现内光电效应的条件是所吸收的光子能量要大于或等于半导体材料的禁带宽度，即

$$hv \geqslant E_g \tag{4.1}$$

其中，hv——光子能量；

h——普朗克常量；

v——光波频率；

E_g——半导体材料的禁带宽度。

由于 $C = v\lambda$，其中，C 为光速，λ 为光波波长，代入公式(4.1)，有

$$\lambda \leqslant \frac{hC}{E_g} \tag{4.2}$$

只有光子的波长满足式(4.2)的要求，才能使半导体内部产生电子空穴对。这个波长称为截止波长，用 λ_g 表示，波长大于 λ_g 的光子就不能产生载流子。

不同的半导体材料由于禁带宽度不同，要求用来激发电子空穴对的光子能量也不一样。在同一块半导体材料中，超过禁带宽度的光子被吸收以后转化为电能，而能量小于禁带宽度的光子被半导体吸收以后则转化为热能，不能产生电子空穴对，只能使半导体的温度升高。可见，对于太阳能电池而言，禁带宽度有着举足轻重的影响，禁带宽度越大，可供利用的太阳能就越少，它使每种太阳能电池对所吸收光的波长都有一定的限制。

六、太阳能电池结构和基本工作原理

VI. The Structure and Basic Working Principles of Solar Cells

图 4.10 所示为单晶硅太阳能电池的结构，其包含上部电极、减反射薄膜覆盖层、N 型半导体、P 型半导体以及下部电极和基板。

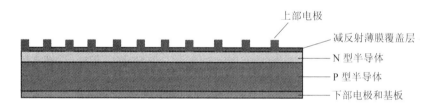

上部电极
减反射薄膜覆盖层
N 型半导体
P 型半导体
下部电极和基板

图 4.10　单晶硅太阳能电池结构

当有适当波长的光照射到这个 P-N 结太阳能电池上后，由于光伏效应而在势垒区两边产生了电动势。设入射光垂直于 P-N 结面。如果结较浅，则光子将进入 P-N 结区，甚至更深入到半导体内部。能量大于禁带宽度的光子，由本征吸收，在结的两边产生电子-空穴对。

由于 P-N 结势垒区内存在较强的内建电场(自 N 型区指向 P 型区)，因此结两边的光生少数载流子受该电场的作用，各自向相反方向运动：P 型区的电子穿过 P-N 结进入 N 型区；N 型区的空穴进入 P 型区，使 P 端电势升高，N 端电势降低，于是在 P-N 结两端形成了光生电动势，这就是 P-N 结的光生伏特效应。由于光照在 P-N 结两端产生光生电动势，因此相当于在 P-N 结两端加正向电压，使势垒降低，产生正向电流。

在 P-N 结开路的情况下，光生电流和正向电流相等时，P-N 结两端建立起稳定的电势差，这就是光电池的开路电压。如将 P-N 结与外电路接通，只要光照不停止，就会有源源不断的电流通过电路，这里 P-N 结起了电源的作用。这就是光电池的基本原理。

为使半导体光电器件能产生光生电动势(或光生积累电荷)，它们应该满足以下两个条件：

(1) 半导体材料对一定波长的入射光有足够大的光吸收系数 α，即要求入射光子的能量 hv 大于或等于半导体材料的带隙 E_g，使该入射光子能被半导体吸收而激发出光生非平衡的电子空穴对。

(2) 具有光伏结构，即有一个内建电场所对应的势垒区。势垒区的重要作用是分离了两种不同电荷的光生非平衡载流子，在 P 型区内积累了非平衡空穴，而在 N 型区内积累非平衡电子，从而产生了一个与平衡 P-N 结内建电场相反的光生电场，于是在 P 型区和 N 型区之间建立了光生电动势(或称光生电压)。

单元二　太阳能电池的电学特性

Unit Ⅱ　Electrical Characteristics of Solar Cells

一、太阳能电池的标准测试条件

Ⅰ. Standard Test Conditions for Solar Cells

由于太阳能电池受到光照时产生的电能与光源辐照度、电池温度和照射光的光谱分布因素有关，所以在测试太阳能电池的功率时，必须规定标准测试条件。目前国际上统一规定地面太阳能电池的标准测试条件是：

(1) 光源辐照度为：1000 W/m²。

(2) 测试温度：25℃。

(3) AM1.5 的太阳光谱辐照度分布。

AM0 和 AM1.5 的太阳光谱辐照度具体分布如图 4.11 所示。

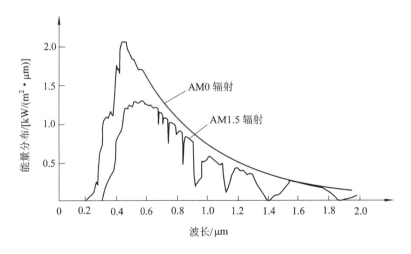

图 4.11　AM0 和 AM1.5 的太阳光谱辐照度具体分布

二、太阳能电池等效电路

II. Equivalent Circuit of Solar Cells

1. 理想太阳能电池的等效电路

如果在受到光照的太阳能电池的正负极两端接上一个负载电阻 R_L，那么太阳能电池就处于工作状态。在理想太阳能电池等效电路中，可把电池看作是恒流源 I_L 与一个正向二极管并联。光电流一部分流经负载 R_L，在负载两端建立起端电压 V，反过来它又正向偏置于 P-N 结二极管，引起一股与光电流方向相反的暗电流 I_{bk}，这样，一个理想的 P-N 同质结太阳能电池的等效电路就被绘制成图 4.12。

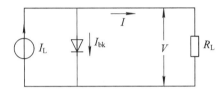

图 4.12　理想太阳能电池等效电路

2. 实际的太阳能电池等效电路

在实际使用的太阳能电池中，由于电池正负极都需要与外电路接触，只要接触就存在接触电阻，以及制作电池本身所用的材料都具有一定的电阻率，因此当电流流经负载时，必然引起损耗。在等效电路中，可将它们的总效果用一个串联电阻 R_S 来表示。当制作金属化电极时，由于会出现电池微裂纹、划痕等处形成的金属桥漏电等现象，因此会使一部分本应通过负载的电流短路，这种作用的大小可用一并联电阻 R_{SH} 来等效。实际的太阳能电池等效电路可绘制成如图 4.13 所示的形式。

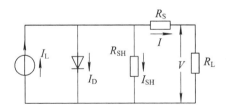

图 4.13　实际的太阳能电池等效电路

三、太阳能电池的主要技术参数

III. Main Technical Parameters of Solar Cells

1. 伏安特性曲线

太阳能电池在光照条件下，得到的端电压和电路中通过负载的工作电流的关系曲线，叫作光伏电池的伏安特性曲线，如图 4.14 所示。

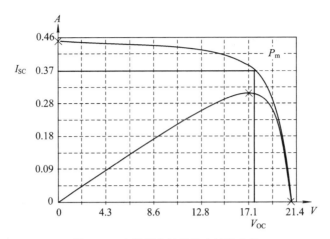

图 4.14 太阳能电池的伏安特性曲线

实际上太阳能电池的伏安特性曲线并不是通过计算,而是通过实验测试的方法得到的。在太阳能电池的正、负极两端,连接一个可变电阻 R,在一定的太阳辐照度和温度下,改变电阻值,使其由 0(短路)变到无穷大(开路),同时测量通过电阻的电流和电阻两端的电压。在直角坐标图上,以纵坐标代表电流,横坐标代表电压,测得各点的连线,即为该电池在此辐照度和温度下的伏安特性曲线。

2．开路电压(V_{OC})

在一定的温度和辐照度条件下,太阳能电池在空载(开路)情况下的端电压,也就是伏安特性曲线与横坐标相交的一点所对应的电压通常用 V_{OC} 来表示。太阳能电池的开路电压与电池面积大小无关,而与制备电池所用材料有关,一般晶体硅太阳能电池的开路电压约为 0.5 V～0.65 V。

3．短路电流(I_{SC})

在一定的温度和辐照度条件下,太阳能电池在端电压为零时的输出电流,也就是伏安特性曲线与纵坐标相交的一点所对应的电流值,通常用 I_{SC} 来表示。

太阳能电池的短路电流与电池面积有关,面积越大,短路电流越大,一般 1 cm^2 的晶体硅太阳能电池的 I_{SC} 约为 35 mA～38 mA。要得到大的短路电流,需要满足以下条件:第一,需要光伏材料在可见区有宽光谱和强的吸收,以提高太阳光的利用率;第二,需要吸收光子后产生的激子有较长的寿命和较短的到达给体/受体异质结界面的距离,使得激子都能够扩散到异质结界面上;第三,需要激子在给体/受体界面上有高的电荷分离效率;第四,光伏材料有高的纯度和高的电荷载流子迁移率;第五,使用高功函数的正极和低功函数的负极;第六,要求电极/活性层界面是欧姆接触,并且界面接触电阻要小。

4．最大功率

在一定的温度和太阳辐照度条件下,太阳能电池有一个最大功率点,这个最大功率点为太阳能电池的最佳工作点,最大功率点对应的电流为 I_m,对应的电压为 V_m,即

$$P_m = I_m V_m \tag{4.3}$$

当光照和温度改变时，电池就不一定工作在最大功率点。为了充分发挥太阳能电池的发电能力，可以采取一些措施，如利用电力电子技术等，使得太阳能电池随时工作在最大功率点，从而提高太阳能电池的输出功率。

5. 填充因子(FF)

太阳能电池的最大输出功率与($V_{OC} \cdot I_{SC}$)之比称为填充因子，用 FF 表示。对于开路电压 V_{OC} 和短路电流 I_{SC} 一定的特性曲线来说，填充因子越接近于 1，电池效率越高，伏安特性线弯曲越大。因此 FF 也称曲线因子，其表达式为

$$FF = \frac{P_{m}}{V_{OC}I_{SC}} = \frac{V_{m}I_{m}}{V_{OC}I_{SC}} \tag{4.4}$$

FF 是用以衡量太阳能电池输出特性好坏的重要指标之一。在一定光强下，FF 越大，曲线越方，输出功率越高。对于有合适效率的电池，该值应在 0.70～0.85 范围之内。

6. 光电转换效率

电池的输出电功率与入射光功率之比 η 称为光电转换效率，简称效率，可表示为

$$\eta = \frac{P_{m}}{P_{in}} = \frac{V_{OC}I_{SC}FF}{P_{in}} \tag{4.5}$$

光电转换效率 η 是表征太阳能电池性能的最重要的参数。要提高太阳能电池的效率，必须提高开路电压、短路电流和填充因子这三个基本参量。

四、温度对太阳能电池的影响

Ⅳ. The Effect of Temperature on Solar Cells

当温度变化时，太阳能电池的输出电流和电压都会产生变化。对于一般晶体硅太阳能电池来说，当温度升高时，短路电流会略有上升而开路电压会下降。其整体表现为温度升高，功率下降，如图 4.15 所示。

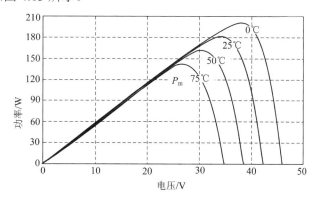

图 4.15　不同温度下，某太阳能电池的功率–电压特性曲线

在规定的实验条件下，温度每变化 1℃，太阳能电池输出功率的变化值称为功率温度系数，通常用 γ 表示，因此太阳能电池的理论最大功率为

$$P_m = P_0(1 + r\Delta T) \tag{4.6}$$

式中，P_0 为太阳能电池在 25℃时的最大功率值。对于一般晶体硅太阳能电池，$r=-(0.35\sim 0.5)\%/℃$。实际上，不同的太阳能电池，其温度系数有所差别，非晶硅电池的温度系数要比晶体硅电池小。总体而言，在一定的温度范围内，当温度升高时，虽然太阳能电池的工作电流有所增加，但是工作电压却要下降，而且后者下降比较多，因此总的输出功率要下降，所以应该尽量使太阳能电池在比较低的温度下工作。

五、太阳辐照度对电池性能的影响

V. The Effect of Solar Irradiance on Battery Performance

太阳能电池的开路电压和短路电流都与光源辐照强度相关，当辐照度较弱时，开路电压与入射光辐照度呈线性关系；当辐照度较强时，开路电压与入射光辐照度呈对数关系变化。在入射光的辐照度比标准测试条件(1000 W/m²)不是大很多的情况下，太阳能电池的短路电流与入射光的辐照度成正比关系。图 4.16 给出了某个太阳能电池在不同辐照强度下的伏安特性曲线。

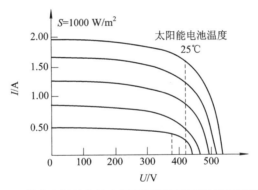

图 4.16 某个太阳能电池在不同辐照强度下的伏安特性曲线

单元三 晶硅光伏电池制备工艺介绍

Unit Ⅲ The Introduction of Preparation Technology of Crystalline Silicon Solar Cells

不同材料、不同种类的太阳能电池有不同的工艺，同一种结构的太阳能电池也有不同的工艺。晶硅光伏电池的制备工艺指的是从硅材料到制成硅太阳能电池组件，需要经过一系列复杂的工艺过程，以多晶硅太阳能电池组件为例，其大致的生产流程是：硅砂→硅锭→硅片→电池→组件，晶硅电池组件生产流程如图 4.17 所示。

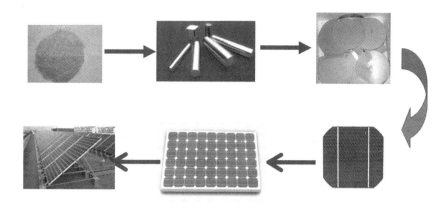

图 4.17 晶硅电池组件生产流程

一、硅材料的制备和选取

Ⅰ. The Preparation and Selection of Silicon Materials

根据纯度的不同，多晶硅通常分为冶金级多晶硅(工业硅)、太阳能级多晶硅(简称"太阳能级硅")与电子级多晶硅(简称"电子级硅")。太阳能级硅的纯度要求是 99.99999%(7 个 9)以上，相对于电子级硅的 99.999 999 999%(11 个 9)要低得多。过去用于太阳能电池的多晶硅主要来自微电子工业及单晶硅头尾料、锅底料等，供应量很小。随着光伏产业的迅猛发展，其对多晶硅的需求量迅速增长。2005 年，在全球多晶硅产量中，电子级多晶硅占近 60%，太阳能级多晶硅占约 40%，2006 年两者用量相近，2008 年太阳能级硅的需求量已超过电子级硅。随着近年来太阳能电池产量的飞速增长，晶体硅材料开始出现严重短缺，导致其价格不断上涨，严重制约了光伏产业的发展，引起了全球多晶硅业内外人士的广泛关注。为了应对原材料短缺与价格不断上涨的压力，各大生产企业纷纷扩产和新建，一些大企业与研究机构争先开发低成本、低能耗的太阳能级硅制备新技术与新工艺，并逐渐把生产低纯度太阳能级硅和生产高纯度电子级硅的工艺区分开来，从而进一步降低成本。

硅是地球外壳第二丰富的元素。冶炼硅的原材料是二氧化硅(SiO_2)，它是沙子的主要成分。在目前工业提炼工艺中，采用的原材料是硅砂，太阳能级使用的晶硅材料需要经过硅砂、冶金硅、多晶提纯几个过程才能制得：

$$硅砂 \xrightarrow{焦炭} 金属硅(冶金硅) \xrightarrow{盐酸} 三氯氢硅 \xrightarrow{纯化} 精馏除杂 \xrightarrow{H_2} 多晶硅$$

1. 冶金硅的制备

硅砂放入电弧炉，加入焦炭，加热温度在 1500℃左右，可以还原出冶金硅，其反应式为

$$SiO_2 + 3C = SiC + 2CO$$

$$2SiC + 3SiO_2 = 3Si + 2CO$$

由这种方法得到的多晶硅，纯度为 95%～99%，称为冶金硅或金属硅，主要用于炼钢和炼铝工业，又可称为工业硅。其中含有大量的金属杂质，如铁、铜、锌、镍等，还包含碳、硼、磷等非金属杂质。冶金硅需要经过物理或化学方法进行除杂提纯才能作为生产太阳能电池的硅材料。

2. 高纯多晶硅的制备

利用化学方法对多晶硅进行提纯，主要是将硅转化为中间化合物，再利用精馏除杂等技术提纯中间化合物，使之达到高纯度，然后再将中间化合物还原成硅。工业中应用的技术主要有三氯氢硅氢还原法、硅烷热分解法和四氯化硅氢还原法。

1) 三氯氢硅氢还原法

三氯氢硅氢还原法于 1954 年由德国西门子公司发明，也叫西门子法，是广泛采用的高纯多晶硅制备技术，国际主要大公司均采用该技术，包括瓦克(Wacher)、海姆洛克(Hemlock)和德山(Tokoyama)公司。这种方法主要是利用冶金硅和氯化氢反应，生成中间化合物三氯氢硅，再对反应成分进行提纯，最后再还原出高纯多晶硅。西门子法的主要步骤为：

(1) 冶金硅到三氯氢硅。将冶金硅通过机械破碎并研磨成粉末，与盐酸进行反应，得到三氯氢硅，其化学反应式为

$$Si + 3HCl = SiHCl_3 + H_2$$

反应除了生成中间化合物三氯氢硅以外，还有附加的化合物，如：$SiCl_4$、SiH_2Cl_2 气体，以及 $FeCl_3$、BCl_3、PCl_3 等杂质氯化物，需要精馏化学提纯。经过粗馏和精馏两道工序，三氯氢硅中间化合物的杂质含量可以降到 10^{-10}～10^{-7} 数量级。

(2) 由三氯氢硅到多晶硅。将置于反应室的原始高纯多晶硅细棒(直径约 5 mm)通电加热至 1100℃以上，通入中间化合物三氯硅烷和高纯氢气，发生还原反应，采用化学气象沉积技术生成的新的高纯硅沉积在硅棒上，使硅棒不断长大，直到直径达到 150 mm～200 mm，从而制成半导体级高纯多晶硅，其反应式为

$$SiHCl_3 + H_2 = Si + 3HCl$$

或

$$2(SiHCl_3) = Si + 2HCl + SiCl_4$$

或者将高纯多晶硅粉末置于加热流化床上，通入中间化合物三氯氢硅和高纯氢气，使生成的多晶硅沉积在硅粉上，最后生成颗粒高纯多晶硅。

德山公司提出了新的气液沉积技术，即在加热的垂直的高纯石墨管中通入三氯氢硅和高纯氢气，直接形成硅液滴，最后凝固成高纯多晶硅。

目前普遍采用的是改良西门子法。改良西门子法是在西门子法的基础上增加了反应气体的回收，从而增加了高纯多晶硅的出产率，主要回收并再利用的反应气体包括：H_2、HCl、$SiCl_4$ 和 $SiHCl_3$，形成一个完全闭环生产的过程，其工艺流程如图 4.18 所示。

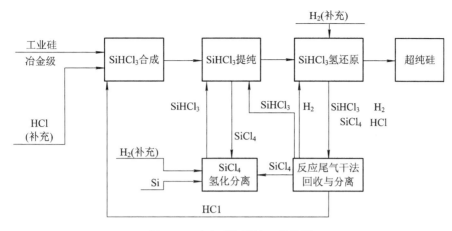

图 4.18　改良西门子法工艺流程

2) 硅烷热分解法

用硅烷作为中间化合物具有特别的优点，首先是硅烷易于提纯，硅中的金属杂质在硅烷制备过程中，不易形成挥发性的金属氢化物气体。硅烷一旦形成，其剩余的主要杂质仅仅是 B 和 P 等非金属，相对易去除；其次，硅烷可以热分解，直接生成多晶硅，不需要还原反应，而且分解温度相对较低。硅烷法制备的多晶硅虽然质量好，但是其综合生产成本偏高。

3) 四氯化硅氢还原法

四氯化硅氢还原法是早期最常用的技术，但材料利用率低、能耗大，现在已很少采用。

二、单晶硅的制备

Ⅱ. The Preparation of Monocrystalline Silicon

多年来，制造高纯单晶硅的方法几乎没有多少改变，一般用于工业生产的主要还是直拉单晶法和区熔法。

1. 直拉单晶法

直拉单晶法是波兰科学家 J.Czochralski 早在 1918 年发明的，当时他利用此方法测定结晶速率，方法以他的名字命名，通称 CZ 法。1950 年美国科学家 C.K.Teal 和 J.B.Little 将该方法成功地移植到拉制锗单晶，之后又被 G.K.Teal 移植到拉制硅单晶上。当然昔日拉制单晶所用的设备十分简单，一炉的装料量只有几十克到上百克。而今生产单晶硅的自动化程度高、规模大，一炉装料量可达几百公斤，目前已可规模化生产出 16 in 的硅单晶。

直拉单晶法是在直拉单晶炉内，将多晶硅原材料装在一个坩埚内，坩埚上方有一可旋转和升降的籽晶杆，杆下端有一个夹头，用于夹住籽晶。原料被加热器熔化后，将籽晶放入熔体内，控制合适的温度，使之达到饱和温度，将籽晶边旋转边缓慢向上提拉，单晶便在籽晶下方按籽晶的方向长大。直拉单晶所用单晶炉如图 4.19 所示。

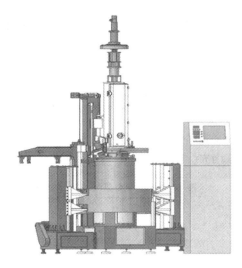

图 4.19　单晶炉

直拉单晶法具体操作方法如下：

(1) 清洁处理。对炉腔、坩埚、籽晶、多晶硅料和掺杂合金材料进行严格清洁，清洁处理完毕后用高纯去离子水冲洗至中性后烘干备用；

(2) 装炉。将粉碎后的硅料装入石英坩埚内，把待掺杂合金分别装入坩埚和掺杂勺内，随后把清洁好的籽晶安装到籽晶轴夹头上，盖好籽晶罩；

(3) 加热熔化。将装好硅料和掺杂剂的石英坩埚放入直拉单晶炉内的石墨坩埚中，在真空状态下通入氮气作为保护气，加热前打开炉腔内冷却水，当真空度或惰性气体含量达到要求时开始加热。通过对石墨电极通电，使炉温上升，当达到硅的熔点 1412℃时，硅料开始融化。待硅料全部熔化后，选择合适籽晶温度，准备下种拉晶。

(4) 拉晶(如图 4.20 所示)。拉晶的具体步骤包括：

① 种晶：也称"籽晶熔炼"，指将确定好晶向的籽晶固定在籽晶轴上，籽晶缓慢下降，与熔融硅液面接触进行引晶；

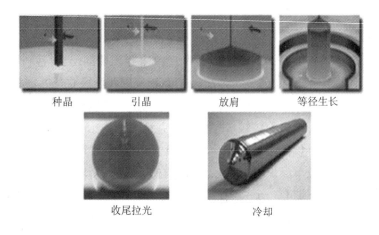

种晶　　　　引晶　　　　放肩　　　　等径生长

收尾拉光　　　　冷却

图 4.20　直拉单晶法示意图

② 引晶：又称"缩颈"。籽晶刚碰到液面时，由于热振动可能在晶体中产生位错，能延伸到整个晶体。略微升温，起拉进行缩颈(或收颈)；

③ 放肩：略微降温、降速，让晶体逐渐长大至所需直径；

④ 等径生长：放肩进入到所需直径前进行升温，等径生长；

⑤ 收尾拉光：适当升高温度，加速使坩埚内液体全部拉光；

⑥ 冷却：晶体生长完成后，在炉内随炉冷却，直至室温，冷却过程需通入保护气体。

2. 区熔法

区熔法又称 FZ 法，其单晶生长原理和生长过程，如引晶、放肩、等颈生长和收尾等与直拉法基本相同，但在工艺上却有很多不同之处。在区熔单晶硅的制备过程中，首先以高纯多晶硅作为原料，制成棒状，并将多晶硅棒垂直固定。在多晶硅棒的下端放置具有一定晶向的单晶硅，作为单晶生长的籽晶，其晶向一般为(111)或(100)；然后在真空或氩气等惰性气体保护下，利用高频感应线圈加热多晶硅棒，导致硅棒局部熔化，使多晶硅棒的部分区域形成熔区，并依靠熔区的表面张力保持多晶硅棒的平衡和晶体生长的顺利进行；接着再及时缓慢地移动高频线圈，同时多晶硅棒和籽晶以一定的速度做相反方向的运动，熔区从下端沿着多晶硅棒缓慢向上移动，使多晶硅逐步转变成单晶硅，如图4.21所示。区熔法利用了硅中杂质的分凝现象，提高了硅的纯度。反复移动高频线圈，可使得硅棒中段不断提纯，最后得到极高纯度的单晶硅棒。因受到线圈功率的限制，区熔单晶硅棒的直径不能太大。

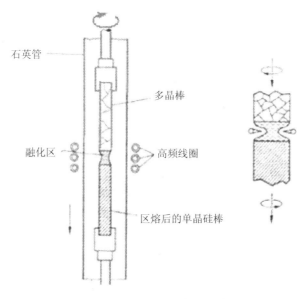

图4.21　区熔法制备单晶示意图

区熔法样品的熔化部分是完全由固体部分支撑的，不需要坩埚。整个区熔生长装置可置于真空系统中，或者有保护气氛的封闭腔室内，属于无坩埚的生产方式，因而区熔法生产的单晶硅纯度要比直拉法生产的单晶硅纯度高。直拉法和区熔法制备单晶硅的区别见表4.1。

表 4.1　直拉法和区熔法的比较

项目	直　拉　法	区　熔　法
炉子	直拉炉	区熔炉
工艺	有坩埚，电阻加热	无坩埚，高频加热
直径	能生长 Φ450 mm 单晶	能生长 Φ200 mm 单晶
纯度	氧、碳含量高，纯度受坩埚污染	纯度较高
少子寿命	低	高
电阻率	中低电阻，轴向电阻率分布不均匀	能生产高电阻率的单晶
应用	晶体管、二极管、集成电路	高压整流器、可控硅、探测器，也可制作晶体管、集成电路
投资	投资较小	是直拉法的数倍
优点	工艺成熟，设备简单，可大规模生产	生产的单晶纯度高
缺点	纯度低、电阻率不均匀	工艺繁琐，生产成本较高，直径小，机械加工性差
工艺流程	多晶硅的装料→熔化→种晶→缩颈→放肩→收尾	多晶硅棒料打磨、清洗→装炉→高频电力加热→籽晶熔接→缩颈→放肩→结束

三、多晶硅的制备

Ⅲ. The Preparation of Polycrystalline Silicon

由西门子法制备的多晶硅，还不能直接用来制造太阳能电池，而是需要将多晶硅料进行融化，并掺入一定的杂质，然后进行多晶硅的铸造，才能成为用来制造太阳能电池的硅。当前制备多晶硅太阳能电池的多晶硅掺杂类型通常为 P 型。目前，用多晶硅浇铸炉可一次性得到数百公斤的多晶硅锭，与拉制单晶硅棒相比，铸锭多晶硅的加工费用可以少很多。这也是多晶硅电池价格低于单晶硅电池的原因之一。多晶硅锭的生产工艺流程简图如图 4.22 所示。

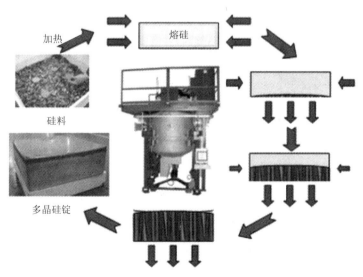

图 4.22　多晶硅锭生产工艺流程

按照不同的加热、传热和结晶面控制的原理,多晶硅锭定向凝固生长有以下四种方法。

1. 布里奇曼法

布里奇曼法是一种经典的较早的定向凝固方法。其特点是:坩埚和热源在凝固开始时做相对位移,分液相区和凝固区,液相区和凝固区用隔热板隔开。液固界面交界处的温度梯度必须大于0,即 $dT/dx>0$,温度梯度接近于常数。

这种方法的长晶速度由坩埚工作台下移速度及冷却水流量、温度来控制,长晶速度接近于常数,其速度可以调节。而硅锭高度主要受设备及坩埚高度限制,生长速度约0.8 mm/min～1.0 mm/min。

这种方法的缺点是:炉子结构比较复杂,坩埚需升降且下降速度必须平稳,其次坩埚底部需水冷。

2. 热交换法

热交换法是目前国内外生产多晶硅锭的主流方法,美国GT Solar、英国Crystal Systems、德国ALD和KR Solar等公司都采用此法。其工艺特点主要是:坩埚和加热器在熔化及凝固全过程中均无相对位移。在坩埚工作台底部要设置一个热开关,熔化时热开关关闭,起隔热作用。凝固开始时热开关打开,增强坩埚底部散热程度,建立热场。热开关有法兰盘式、平板式、百叶窗式等。热交换法的长晶速度受坩埚底部散热强度控制,如用水冷,则受冷却水流量(及进出水温差)控制。由于定向凝固只能是单方向热流(散热),径向(即坩埚侧向)不能散热,即径向温度梯度趋于零,而坩埚和加热器又固定不动,因此随着凝固的进行,热场的等温度线(高于熔点温度)会逐步向上推移,同时又必须保证无径向热流,所以温场的控制与调节难度较大。当液-固面逐步向上推移时,液-固界面处温度梯度必须大于零,但随着界面逐步向上推移,温度梯度逐步降低直至趋于零。从以上分析可知,热交换法的长晶速度及温度梯度是变化的,而且硅锭高度受限制,要扩大容量只能靠增加硅锭的截面积。此方法的另一个优点是除热开关外,不需要可移动的部件,所以炉体的结构相对比较简单。热交换法结晶炉加热器有竖放和横放两类。

3. 电磁铸锭法

硅液在熔融状态下具有磁性,外加极性相反的磁场会产生强大的推拒力,使熔硅不接触容器而被加热,在连续下漏过程中被外部水冷套冷却而结晶。电磁铸锭法的特点是:无坩埚(石英陶瓷坩埚);氧、碳含量低,晶粒比热交换法小;提纯效果稳定;硅锭截面没有热交换法大。日本制备的硅锭最大尺寸可达350 mm × 350 mm,硅锭高度可达1 m以上。

4. 浇铸法

浇铸法将熔炼及结晶分开,熔炼在一个石英砂炉衬的感应炉中进行,熔化的硅液浇入一石墨模型中,石墨模型置于一升降台上,周围用电阻加热,然后以每分钟1 mm的速度下降(其凝固过程实质也是采用布里奇曼法)。浇铸法的特点是:熔炼和结晶在两个不同的坩埚中进行,这种生产方法可以实现半连续化生产,其熔化、结晶、冷却分别位于不同的地方,可以有效提高生产效率,降低能源消耗。

四、硅片的制备

IV. The Preparation of Silicon Wafer

1. 单晶硅片制备

一般单晶硅棒是在单晶硅炉中拉制而成的，通常要经过滚圆，再通过切片机切成厚度为 0.15 mm～0.3 mm 的硅片。最早的单晶硅片制备方法是将硅片切割成 10 mm × 10 mm 或 20 mm × 20 mm 的小片，运用半导体工艺制成太阳能电池，这样成本很高。后来由于技术的进步和工艺设备的改进，可以直接用 Φ50 mm 或 Φ100 mm 的圆形硅片制成电池后进行封装。近年来，为了充分利用太阳能电池组件的有效面积，根据单晶硅棒料的尺寸，用划片机切去四边成方形。多数情况下，为了尽最大程度利用硅片，四个角保留圆弧状，成为准方片。目前常见的标准组件单晶硅电池尺寸是 125 mm × 125 mm 或 156 mm × 156 mm。

2. 多晶硅片制备

由于多晶硅片通常是由铸锭炉浇铸成大块的多晶硅锭，经过破锭机和线切割技术切割成方片，再制成电池，所以多晶硅电池一般都是方形的，尺寸可根据实际需要和生产设备的能力而定。多晶硅片生产主要流程见图 4.23。

| 硅锭
ingot | 破锭机
squarer | 硅块
silicon block | 线锯
wire saw | 硅片
wafer |

图 4.23　多晶硅片生产流程

(1) 破锭。多晶硅锭为方形，首先利用破锭机，根据硅锭的大小，延纵向将硅锭切割成 6×6、7 × 7 或 8 × 8 数目的硅块，同时将四边 2 cm～3 cm 的区域切除。之后将顶部、底部质量较差的部分切除，形成所需的硅块。破锭之后，对硅块进行抛光处理。

(2) 切片。通常利用线切割技术对硅块进行切片，目前太阳能电池通用的硅片厚度在 180 μm 左右。

3. 电性选择

(1) 导电类型。两种导电类型的半导体硅中，P 型硅用硼掺杂，用以制成 n^+/p 型硅太阳能电池；N 型硅用磷或砷掺杂，用以制成 p^+/n 型硅太阳能电池。这两种电池的各项性能参数大致相当，但是 n^+/p 型电池的耐辐射性能优于 p^+/n 型电池，更适合于空间应用，并且 n^+/p 材料易得，故多采用此种材料。

(2) 电阻率。由硅太阳能电池的原理知道，在一定范围内，电池的开路电压随着硅基体电阻率的下降而增加，材料电阻率较低时，能得到较高的开路电压，而短路电流则略低，总的转换效率较高。太低的电阻率，反而使开路电压降低，并且导致填充因子下降。

(3) 晶向、位错、寿命。太阳能电池较多选用(111)和(100)晶向生长的单晶。由于绒面电池相对有较高的吸光性能，故较多采用(100)的硅衬底材料。在不要求太阳能电池有很高转换效率的场合，位错密度和电子寿命不作严格要求。

五、电池的制作

Ⅴ. The Fabrication of Batteries

晶体硅太阳能电池一般可分为单晶硅太阳能电池和多晶硅太阳能电池两种。两者的制造工艺除了清洗制绒工艺不同外，其他工序基本相同。

1. 硅片清洗

切割好的硅片表面质量较差，因为硅片在切割过程中会使其表面产生一层损伤层，损伤层内有高密度的裂纹，裂纹损伤处的缺陷是电子空穴对的强复合中心，对电池效率影响非常大，因此要将切割损伤层去除。

单晶硅电池表面腐蚀液有酸性和碱性两类。碱腐蚀的硅片表面虽然没有酸腐蚀光亮平整，但制成的电池性能完全相同。目前，国内外在硅太阳能电池生产中的应用表明，碱腐蚀液由于成本较低，对环境污染较小，是较理想的硅表面腐蚀液，另外碱腐蚀还可以用于硅片的减薄技术，制造薄型硅太阳能电池。对于单晶硅片，去损伤层一般用 10%～20%浓度的氢氧化钠(NaOH)溶液，在 75℃～100℃温度下将硅片表面均匀腐蚀掉一层。目前很多企业为了提高产量，将此道工序省略，与制绒工序同时进行。多晶硅片则使用氢氟酸(HF)和硝酸(HNO_3)混合液，在制作绒面的同时即可完成该步骤。

2. 绒面制备

太阳能电池的主要进展之一是应用了绒面硅片，绒面状的硅表面是利用硅的各向异性腐蚀，在硅表面形成无数的四面方锥体，图 4.24 为扫描电子显微镜观察到的绒面硅表面。

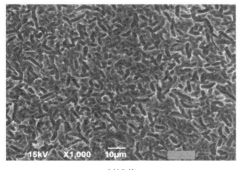
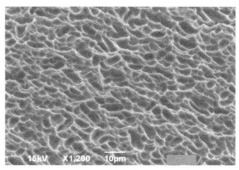

制绒前　　　　　　　　　　　　　制绒后

图 4.24　扫描电子显微镜观察到的制绒前后表面图像

为了增强太阳能电池对太阳光的吸收，从而提高电池的性能，常常在硅片表面制作绒面，有效的绒面结构可使得入射光在表面进行多次反射和折射，从而增加光的吸收率。绒面电池比光面电池的反射损失小。如果再加上减反射膜，反射率可进一步降低，甚至可以减少到 3%以下。入射光在绒面表面多次折射，改变了入射光在硅中的前进方向，不仅延长了光程，增加了对红外光子的吸收率，而且有较多的光子在靠近 P-N 结附近产生光生载流子，从而增加了光生载流子的收集概率。在同样尺寸的基片上，绒面电池的 P-N 结面积比光面电池大得多，因此可以提高短路电流，转换效率也有相应提高。

1) 单晶硅电池绒面制备

单晶硅电池的绒面通常是利用某些化学腐蚀剂对硅片表面进行腐蚀而形成的，常用腐蚀剂一般分为两类，一类是有机腐蚀剂，包括 EPW(乙二胺、邻苯二酸和水)和联胺等；另一类是无机腐蚀剂，包括碱性腐蚀液，如氢氧化钾(KOH)、氢氧化钠(NaOH)和氢氧化锂(LiOH)等。这两类腐蚀剂对硅晶体的不同晶面具有不同的腐蚀速度，对(100)晶面腐蚀较快，而对(111)晶面腐蚀较慢，因此这种腐蚀现象也称为各向异性腐蚀。一般太阳能电池将单晶硅(100)晶面作为表面，经过腐蚀，会出现表面为(111)晶面的四面方锥体结构，也称金字塔结构。这种结构密布于电池表面，肉眼看来，好像是一层丝绒，因此称为"绒面"。

在实际生产过程中，大多使用较廉价的 NaOH 稀溶液(浓度为 1%)作为腐蚀剂，腐蚀液温度为 70℃～85℃。为了获得均匀的绒面，还应在溶液中适量添加醇类(常用乙醇或异丙醇)作为络合剂。由于腐蚀过程存在随机性，四面方锥体的大小并不相同，因此通常高度控制在 3 μm～6 μm。

2) 多晶硅电池绒面制备

多晶硅表面的晶向是随意分布的，因此碱性溶液的各向异性腐蚀现象对于多晶硅来说效果并不理想，而且由于碱性腐蚀液对多晶硅表面不同晶粒之间的反应速度不一样，会产生台阶和裂缝，不能形成均匀的绒面。

通过对多晶硅绒面制备方法的大量研究，近几年发展的几种方法已经开始应用到大规模生产中，主要有酸腐蚀法、活性离子刻蚀法、机械刻槽法和激光刻槽法等。酸腐蚀法的工作原理也是利用某些化学腐蚀剂对硅片表面进行腐蚀而形成绒面，常用一定比例的 $HF+HNO_3$ 混合溶液。这种腐蚀方法对硅的不同晶面有相同的腐蚀速度，因此又称为各向同性腐蚀法。

多晶硅制绒工艺主要包括三部分：

(1) 与 HNO_3 和 HF 的混合液反应：在制绒过程中，首先是硝酸在损伤层与缺陷处将硅片氧化，形成氧化硅，然后氢氟酸与氧化硅反应生成硅的络合物(H_2SiF_6)和水，这样去损伤层与制绒同时进行，缩短了工艺流程。

(2) 与 KOH 溶液反应：制绒之后的硅片经过 KOH 溶液去除硅片表面的多孔硅，再经过去离子水冲洗去掉表面残留的碱液。

(3) 与 HCl 和 HF 的混合液反应：利用 HF 与 HCl 的混合溶液除去硅片表面的各种金属离子等杂质，并用去离子水冲洗酸性表面，最后用压缩空气将硅片表面吹干。

酸制绒反应方程式如下：

① $Si + 4HNO_3 = SiO_2 + 4NO_2 + 2H_2O$

② $SiO_2 + 4HF = SiF_4 + 2H_2O$

③ $SiF_4 + 2HF = H_2SiF_6$

经过表面准备的硅片都不宜在水中久存，以防玷污，应尽快制结。

在多晶硅制绒的腐蚀过程中，要将温度控制在 5℃～10℃的低温，使各向同性的腐蚀速度降低，但能在切片造成的表面损伤(微裂纹)方向上保持较高的腐蚀速度，从而将表面的损伤加深、加宽形成绒面。一般多晶硅晶向是任意分布的，经过腐蚀后，在表面会出现不规则的凹坑形状。这些凹坑像小虫一样密布于电池表面，从显微镜下看，好像是一个个椭圆的小球面，也可称其为"绒面"。由于利用酸溶液制作多晶硅绒面的成本比较低，易于工业化生产，因此可以将去除损伤层、制作绒面和清洗等几道工序结合，在链式制绒设备上一次完成。

3) 绒面制备的其他方法

绒面制备的常用方法还有如下几种。

活性离子刻蚀法是采用无应力的干法刻蚀来实现在多晶硅表面织构化的，该方法为一种无掩膜腐蚀工艺，是通过调节射频功率、气体流量及反应压力等来形成多晶硅表面类金字塔结构的速度及绒面高度的。所形成的绒面反射率特别低，在 450 μm～1000 μm 光谱范围内的反射率可小于 2%。仅从光学的角度来看，活性离子刻蚀法是一种理想的方法，但存在的问题是硅表面损伤严重，电池的开路电压和填充因子出现下降。

机械刻槽法是在多晶硅表面用多个刀片同时刻出 V 形槽来减少光学反射。

激光刻槽法则是利用激光来熔化硅，形成表面织构以达到陷光的目的。这种方法可在多晶硅表面制作倒金字塔结构，在 500 nm～900 nm 光谱范围内，反射率为 4%～6%，与表面制作双层减反射膜相当，而在(100)面单晶硅化学制作绒面的反射率为 11%。用激光制作绒面比在光滑面镀双层减反射膜层(ZnS/MgF_2)电池的短路电流要提高 4%左右，这主要是长波光(波长大于 800 nm)斜射进入电池的原因。激光制作绒面存在的问题是，在刻蚀中表面会造成损伤，同时也引入了一些杂质，要通过化学处理去除表面损伤层。这种方法制作的太阳能电池通常短路电流较高，但开路电压不太高，其主要原因是电池表面积增加使总表面复合率有所提高。

3. 扩散制结

1) 扩散制结的概念

扩散制结是在基体材料上生成导电类型的扩散层，形成 P-N 结。这是电池制作过程中的关键工序。目前制 P-N 结主要有热扩散、离子注入、外延以及激光等方法。目前应用最多的方法是热扩散方法制 P-N 结。

扩散是由物质分子或原子运动所引起的一种自然现象。热扩散制造 P-N 结是指用加热的方法，使 5 价杂质掺入 P 型硅，或 3 价杂质掺入 N 型硅。硅太阳能电池中常用的 5 价杂质元素是磷，3 价杂质元素是硼。

对于扩散的要求是获得适于太阳能电池 P-N 结所需的结深和扩散层方块电阻。浅结的表面浓度低，电池短波响应好，但会引起串联电阻增加。只有提高电极栅线的密度，才能有效提高电池的填充因子，这样就增加了工艺难度，如果表面浓度太大，则会引起重掺杂效应，使得电池的开路电压和短路电流均下降。在实际电池制作中，应综合考虑各种因素，结深一般控制在 0.2 μm～0.5 μm。

扩散质量是否符合工艺要求，可通过测量薄层方块电阻来衡量，薄层电阻即方块电阻，指单位面积的半导体薄层所呈现的电阻。它可以反映出扩散工艺过程中进入的杂质总量。方块电阻与扩散时间、扩散温度和气流量大小等因素密切相关。一般而言，扩散杂质浓度越高，导电能力越强，方块电阻也越小。但为了使太阳能电池转换效率进一步提高，目前扩散方块电阻有不断增大的趋势，主要是为了提高结区的纯度并降低结区的复合速率，从而提高电池的短路电流。

2) 扩散制结的工艺原理

太阳能电池通常采用三氯氧磷($POCl_3$)液态源扩散法制备 P-N 结，通过 N_2 气体将液体 $POCl_3$ 带入扩散炉内实现扩散。$POCl_3$ 在高温下(大于 600℃)分解，生成五氯化磷(PCl_5)和五氧化二磷(P_2O_5)，反应方程式为

$$5POCl_3 \xrightarrow{>600℃} 3PCl_5 + P_2O_5$$

在通氧气的情况下，PCl_5 与氧气反应，进一步分解成 P_2O_5，反应方程式为

$$4PCl_5 + 5O_2 = 2P_2O_5 + 10Cl_2 \uparrow$$

所产生的五氧化二磷(P_2O_5)与硅(Si)反应生成二氧化硅(SiO_2)和磷原子(P)，反应方程式为

$$2P_2O_5 + 5Si = 5SiO_2 + 4P \downarrow$$

磷原子在硅片基体内形成密度梯度，在高温下逐步向硅片内部扩散，并与 P 型硅形成 P-N 结，表面会形成一层磷硅玻璃。

4．去背结

在掺杂制结过程中，往往在电池侧面及背面也形成了 P-N 结。这种扩散层会使太阳能电池的正、负电极之间形成局部短路，从而降低太阳能电池的并联电阻，影响太阳能电池的转换效率，所以在后续工序中要去掉电池侧面和背面的结。

目前主要采用的去结方法是化学腐蚀法，该方法是利用 HNO_3、HF、H_2SO_4 的混合溶液，将硅片背面和边缘同时去除约 1 μm。使用链式清洗机，使硅片在滚轮上移动，只有背面和边缘接触腐蚀液，正面则保持完好。该方法自动化程度高，太阳能电池的并联电阻高，所以被广泛使用。

早期的工业化生产还有等离子体刻蚀法，在辉光放电情况下通过氮和氧交替对硅片作用，可去除含有扩散层的周边。其主要工作原理是：气体中存在微量的自由电子，在外电场的作用下，这些电子便加速运动，当电子在外电场中获得足够的能量后与气体分子发生碰撞，使得气体分子电离而发射出二次电子，二次电子又进一步与气体分子发生碰撞电离，产生更多的电子与离子。由于存在电子与离子相复合的逆过程，因此电离与复合过程最终必将达到一种平衡状态，出现稳定的辉光放电现象，形成稳定的等离子体。在放电过程中，除了形成电子与离子外，还可产生激发态的分子、原子及各种原子团，称为游离基。具有高度化学活性的游离基与被蚀材料的表面发生化学反应，形成挥发性的物质，使材料不断被腐蚀。刻蚀过程中数百片硅片叠在一起，仅边缘的扩散层被去除。背面残余少量扩散层，通过后续烧结工序被铝硅共熔而穿通，因而使用该方法的太阳能电池并联电阻不如化学腐蚀法高，目前在工业生产中已较少使用。

5. 去磷硅玻璃

在扩散过程中，硅片的表面形成一层含磷元素的 SiO_2，称为磷硅玻璃。这层磷硅玻璃比较疏松而且绝缘，会对后续的镀膜工艺以及电池片的电学性能产生不利影响，所以在镀膜前应该将其去除，通常利用 HF 将其除去。

目前，单晶硅太阳能电池的生产线上主要使用槽式清洗机去除磷硅玻璃，而多晶硅太阳能电池生产线在去背结工序中就将磷硅玻璃去除。

6. 制作减反射膜

硅片经过扩散到腐蚀周边工序后，已具备光电转换能力。但是，光在硅表面的反射使光损失约 1/3，即使经绒面处理的硅表面，损失仍约为 11%。为减少反射损失，根据薄膜干涉原理，在电池表面制作一层减反射膜，便可使电池短路电流和输出功率增加。

电池通常装在玻璃之下（$n_0 = 1.5$），这使减反射膜的折射率的最佳值增加到约 2.3。商品化太阳能电池中使用的一些减反射膜材料的折射系数如表 4.2 所示。除了有合适的折射系数外，减反射膜材料还必须是透明的，其常沉积为非结晶的或无定形的薄层，以防出现在晶界处的光散射问题。晶硅太阳能电池最为常用的减反射膜材料有 Si_3N_4、SiO_2、TiO_2 等。

表 4.2　制作减反射膜所用材料的折射系数

材　料	折射系数
MgF_2	1.3～1.4
SiO_2	1.4～1.5
Al_2O_3	1.8～1.9
SiO	1.8～1.9
Si_3N_4	1.9
TiO_2	2.3
Ta_2O_5	2.1～2.3
ZnS	2.3～2.4

晶体硅太阳能电池减反射膜的制备是利用等离子增强型化学气相沉积技术(Plasma Enhanced Chemical Vapor Deposition)，简称 PECVD 技术，它是一种由化学气相沉积在硅片表面，沉积层起减反射和钝化作用的氮化硅膜。氮化硅薄膜具有良好的光学性质，可以降低光的反射，提高光吸收率。PECVD 是借助微波使含有薄膜组成原子的气体电离，在局部形成等离子体，而等离子体化学活性很强，很容易发生反应，从而在基片上沉积出所期望的薄膜。

硅烷(SiH_4)和氨气(NH_3)在 40 kHz 和低压条件下，变为等离子体，从而进一步生成氮化硅(Si_3N_4)沉积于硅片表面，起到减反射和钝化的作用。反应方程式为

$$3SiH_4 + 4NH_3 = Si_3N_4 + 12H_2 \qquad (高频、低压)$$

实际上生成物并不是完全的氮化硅，而是还含有不定比例的氢原子，所以严格的分子式应为 $Si_xN_yH_z$。

7. 制作电极

太阳能电池在有光照时，在 P-N 结两侧形成正、负电荷的积累，因此产生了光生电动势。在实际应用时，需要通过上、下电极，才能有电流输出。电极就是与 P-N 结两端形成紧密欧姆接触的导电材料，习惯上把制作在电池光照面上的电极称为上电极，通常是栅线形状，以收集光生电流；而把制作在电池背面的电极称为下电极或背电极，下电极应尽量布满电池的背面，以减少电池的串联电阻。

1) 电极材料

制作上、下电极的材料一般应满足以下要求：

- 能与硅形成牢固的欧姆接触；
- 有优良的导电性能；
- 遮光面积小，一般应小于 8%；
- 收集效率高；
- 可焊性强；
- 成本低；
- 污染小；
- 体电阻小；
- 易于加工。

2) 电极制作方法

制作电极的方法主要有真空蒸镀法、化学镀镍法、丝网印刷法、铝浆印刷烧结等。银浆、铝浆印刷烧结法是目前电池工业化生产中大量采用的工艺方法。

(1) 真空蒸镀法。真空蒸镀法通常是指用带电极图形掩膜的电极模具板，覆盖在硅片表面进行真空蒸镀来制作电极的方法。掩膜是由光刻加工或激光加工的不锈钢箔或铜箔制成的。

(2) 化学镀镍法。化学镀镍法是应用镍盐(氯化钠和硫酸镍)溶液在强还原剂磷酸盐的作

用下，依靠镀件表面具有的催化作用，使磷酸盐分解出生态原子氢，并将镍离子还原成金属镍，同时次磷酸盐分解析出磷，从而在镀件表面上获得镍磷合金的沉积镀层。

(3) 丝网印刷法。真空蒸镀法和化学镀镍法是传统的制作电极的方法，都存在工艺成本较高、耗能大、批量小以及不适宜自动化生产等缺点。为了降低生产成本和提高生产效率，人们将生产厚膜集成电路的丝网漏印工艺引入制作太阳能电池电极的生产中。在目前的规模化生产工艺中，正面的印刷材料普遍选用含银的浆料，主要是因为银具有良好的导电性、可焊性和在硅中的低扩散性能。经丝网印刷、退火所形成的金属层的导电性能取决于浆料的化学成分、玻璃体的含量、丝网的粗糙度、烧结条件和丝网版的厚度。早期的丝网印刷有一些缺陷，例如：栅线宽度较大，通常大于 150 μm，因此遮光较多，栅线电阻较大；电池填充因子较低，不适合表面钝化，主要是因为表面扩散浓度较高，接触电阻较大。

目前多采用全自动丝网印刷法，在电池片正、反两面印刷所需电极图形的银、铝浆料，然后在高温气氛中烧结以形成欧姆接触。该工艺已经趋向成熟，栅线的宽度可降到约 80 μm，高度达到 10 μm～20 μm。

3) 高温烧结

高温烧结指将印刷好的电池在高温下快速烧结(一般升降温速率为 150℃/s～200℃/s)，使得正面的银浆穿透 SiNx 膜，与发射区形成欧姆接触。背面的铝浆穿透磷扩散层，与 P 型衬底产生欧姆接触，并形成一个背电场。背电场可以阻止少子(电子)扩散到背表面参与复合，从而减少了背表面的复合损失，增加了电池的电流密度。

烧结要达到以下效果：

(1) Ag 穿过减反射膜扩散进硅但不可到达 P-N 结；

(2) Ag/Al、Al 扩散进硅。

这样，Ag、Ag/Al、Al 将与硅形成合金，建立了良好的电极欧姆接触，起到良好的收集电子的效果。

8．电池性能测试

太阳能电池制作完成后，必须通过测试仪器测量其性能参数。一般需要测量的参数有最佳工作电压、最佳工作电流、最大功率(又称峰值功率)、转换效率、开路电压、短路电流、填充因子等，通常还要画出太阳能电池的伏安特性曲线。

现代太阳能电池测试设备系统主要包括太阳模拟器、测试电路和计算机测试控制器三部分。太阳模拟器主要包括电光源电路、光路机械装置和滤光装置三部分。测试电路采用钳位电压式电子负载与计算机相连。计算机测试控制器主要完成对光源电路闪光脉冲的控制，伏安特性数据的采集、自动处理、显示等。有些测试仪带有恒温装置，可使电池测试时温度保持在 25℃。如果没有恒温装置，则应使测量时尽量减少室内温度变化，并且要测出当时的电池温度，将测量结果按照有关规定进行修正。测量得到的性能参数及伏安特性曲线，通常可以在计算机上显示并打印。有些电池测试仪还可以根据测试结果，将不同性能参数的太阳能电池自动进行分类，这样可以避免在封装成组件时重新进行分拣的麻烦。

六、晶硅电池组件封装

Ⅵ. Crystalline Silicon Components Encapsulation

单个太阳能电池往往不能直接用来供电，在实际使用中需要把单体太阳能电池进行串、并联，并加以封装，接出外连电线，成为可以独立作为光伏电源使用的太阳能电池组件(也称光伏组件)。太阳能电池组件通过吸收阳光，将太阳的光能直接变成用户所需的电能输出。

1. 构造晶硅组件

硅太阳能电池作为电源使用，需将若干个电池片串联、并联连接并严密封装成组件。其理由如下：

(1) 电池片是由硅单晶或多晶材料制成，薄而脆，不能经受较大力的撞击。硅电池片的破坏应力，经测试约为 12×10^{-2} kg/cm^2，使用时若不加保护，则极易破碎。

(2) 电池的正、负极尽管在材料和制造工艺上不断改进，使它能承受一些潮湿、腐蚀，但还是不能长期裸露使用。大气中的水分和腐蚀性气体缓慢地锈蚀电极，逐渐使电极脱落，会造成电池寿命终止，因此必须将电池片与大气隔绝。

(3) 硅电池片的最佳工作电压约为 0.45 V～0.5 V，远不能满足一般用电设备的电压要求。这是由硅元素自身性质所决定的。硅电池的尺寸受到材料尺寸的限制，输出功率很小。目前实际应用的最大尺寸的单体太阳能电池已超过 156 mm × 156 mm，其峰值功率超过 3 W。

基于上述原因需将若干片电池组合成一个单元，即晶硅组件。

2. 对晶硅组件的要求

对晶硅组件要求可以归纳为如下几点。

(1) 有一定的标称工作电压、电流和输出功率；

(2) 使用寿命长，组件可正常工作至少 15 年以上。要求 PV 组件使用的材料、零件及结构，在使用寿命上基本一致，避免因一处损坏而使整个组件失效；

(3) 有足够的机械强度，能经受在运输、安装和使用过程中发生的冲击、振动及其他应力；

(4) 组合引起的电性能损失小；

(5) 制造成本低。

3. 晶硅组件的结构

以平板型光伏组件为例，晶硅组件包括电池片、边框、上盖板、密封材料、底板、焊带、粘接剂、接线盒等部分。

(1) 电池片。电池片是光电效应转换成电力的器件，目前商品化的晶硅组件多为单晶硅或者多晶硅。

(2) 边框。为了增加组件的机械强度，通常要在组件层压后，在四周加上边框。边框主要是由铝合金材料制成的，铝合金边框可以保护玻璃边缘，在装边框的时候，会在四边打入硅胶，铝合金结合硅胶打边加强了组件的密封性能，大大提高了组件整体的机械强度，便于组件的安装和运输。

根据使用场地的要求，在封装工艺允许的情况下，光伏组件也有无边框的情况。

(3) 上盖板。光伏组件的上盖板采用低铁钢化绒面玻璃(又称为白玻璃、超白布纹钢化玻璃)，上盖板在太阳能电池组件的正面，是组件的最外层，既要保护电池，又要有高的透光率，以保证组件能够接收到充足的光照。白玻璃在太阳能电池光谱响应的波长范围内(320 nm～1100 nm)，透光率达 90%，对于大于 1200 nm 的红外光有较高的反射率。此玻璃同时能保证在太阳紫外光线的辐射下，透光率不下降。

除了玻璃以外，有些也采用聚碳酸酯、聚丙烯酸类树脂等作为封装材料，这些材料透光性好，材质轻，可做成任何不规则形状，加工方便，目前主要用于小型组件。

(4) 密封材料。在钢化玻璃与电池以及电池与背板之间，需要用密封材料进行黏合。目前标准太阳能电池组件中，一般使用 EVA 胶膜，EVA 胶膜是乙烯和醋酸乙烯酯的共聚物，具有透明、柔软、融化温度低、流动性好等特性，这些都符合太阳能电池封装的要求。光伏电池组件在真空层压过程中，EVA 胶膜会受热融化，冷却后会凝固，从而将玻璃与太阳能电池及背板材料黏合成一个整体。

(5) 底板。太阳能行业常用的底板材料有：聚氟乙烯复合膜(TPT)、铝合金、有机玻璃、钢化玻璃等。目前光伏组件通常采用的是 TPT 底板，TPT 材料对阳光能起反射作用，可提高组件的效率，并且具有较高的红外反射率，可以降低组件的工作温度。除此之外，对于太阳能电池组件封装的 TPT 材料一般还要求：具有良好的耐气候性能；层压温度下不起任何变化；与粘接材料结合牢固。

双面透光的组件，以及将组件制成光伏幕墙或光伏屋顶的 BIPV 材料等，多采用玻璃为底板材料，称为双玻组件，可以提高组件强度，但是同时也增加了重量。

(6) 焊带。光伏组件中间的电池片，需要用焊带进行串联连接，才能将光照下电池片产生的电流传导出来。一般要求焊带的导电性要强，这样能保证电流的收集概率及组件功率。同时，焊带需要焊接在电池片的电极上，所以焊带需要具有良好的可焊接性，同时还要求焊带具有柔韧性，软硬适中，需要保证焊接好的电池片无裂片。

(7) 粘接剂。常用粘接剂主要有：室温固化硅橡胶、氟化乙烯丙烯、透明聚酯等。粘接剂是用来粘接铝合金和层压好的玻璃组件并起到密封作用，粘接接线盒与 TPT，起固定接线盒的作用。

(8) 接线盒。组件电池的正、负极从 TPT 引出后需要一个专门的电气盒来实现与负载的连接运行，即接线盒。接线盒的作用主要包括：

① 引出电极后一般为四条镀锡条，不方便与负载之间的电气连接，需要将电极焊接在成型的便于使用的电接口上。

② 引出电极时密封性能被破坏，这时需涂硅胶弥补，接线盒同时起到了增加连接强度、

美观的作用。

4．晶硅组件生产流程

晶硅组件的生产流程一般包含如下几个步骤。

(1) 电池分选。如果将工作电流不同的太阳能电池片串联在一起，则电池串的总电流与所有串联电池中最小的工作电流相同，显然会造成很大的浪费。所以在太阳能电池组件封装前，要用电池分选机将不同性能参数的太阳能电池分类，然后将参数相近的太阳能电池进行组合。

在工业化生产线上，通常使用自动分拣设备，将不同性能参数的太阳能电池分成几档，分别放入相应的盛放盒，以备封装出不同功率的太阳能电池组件。

(2) 组合焊接。用金属互连条将电池的上、下电极按设计要求依次进行串联焊接，形成电池串，然后用汇流带进行并联焊接，汇合成一端正极和一端负极，并引出。焊接时要把握好电烙铁的温度和焊接的时间，尽量一次完成，如果反复焊接或焊接时间过长，则容易引起电极脱落或电池碎裂。焊接后可用手沿 45°方向向上轻提互连条，检查是否脱落。焊接要求连接牢固、接触良好、间距一致、焊点均匀、表面平整，如高低相差很大，则会影响电池层压的质量，增加碎片率。

焊接后要用万用表进行初步性能测试，以便及时发现和更换损坏的电池及修复不良焊点。最后将电池串表面和焊点清洗干净。

当晶硅组件生产产量不大时，可使用手工焊接，大规模生产时应采用自动焊接设备进行焊接。

(3) 层叠。将焊接好的电池串，与其他材料进行层叠，层叠的顺序依次是钢化玻璃、EVA、电池串、EVA 和 TPT 背板。在上层的 EVA 和 TPT 底板上剪出口子，把正负电极引出来，这样就层叠好了一个光伏组件，层叠好的光伏组件还需要进行简单的电学性能测试，来确定电池的性能好坏，此外还要进行镜面检测，确保组件层叠得当。

(4) 层压封装。层压封装是太阳能电池组件制造的关键工序，层压封装的好坏对于组件的质量有直接的影响。

将层叠好的光伏组件，放入层压机的工作腔中，在层压机中抽真空并加热到 130℃～150℃，再加压，使熔融的 EVA 在挤压的作用下流动充满玻璃、电池片和 TPT 薄膜之间的间隙，同时排出中间的气泡，使得玻璃、电池片和 TPT 通过 EVA 紧密黏合在一起，冷却并固化后取出。层压时间、加热温度、抽气真空度等要适当调整，如加热温度太高或抽气时间过短，层压后的组件中可能会出现气泡，影响组件质量。

(5) 修边。层压时，当 EVA 熔化后，将由于压力而向外延伸固化，形成毛边，因此层压完毕应将其去除。

(6) 安装边框和接线盒。在去除层压导致的玻璃四周多余的 EVA 残留物后，即可安装边框，并加上衬垫密封橡胶带，涂上密封黏结剂，以形成对组件边缘的密封。在大规模生产线上，可采用专门的安装边框设备。接着便可安装电极接线盒，分别将电池串的正、负极与接线盒的输出端相连，并用黏合剂将接线盒固定在组件背面。有些与建筑相结合的太阳能电池组件,为了安装方便,也可将接线盒放在太阳能电池组件的侧面。接线盒要求防潮、防尘、密封、连接可靠、接线方便。在多数情况下,可将旁路二极管直接装在接线盒内。在大规模生产线上,也可采用专门的安装接线盒设备。

(7) 性能测试。可应用太阳能电池组件测试台对太阳能电池组件进行各项性能测试。测试后在组件背面贴上标签,标明产品的名称与型号,以及组件的主要参数,包括最大功率、开路电压、短路电流、最佳工作电压、最佳工作电流、填充因子和伏安特性曲线等,还有制造厂名及生产日期。至此即可进行包装入库。

测 试 题
Test

一、选择题

1. 在太阳能电池外电路接上负载后,负载中便有电流通过,该电流称为太阳能电池的(　　　)。

    A. 短路电流　　　　　　　　　　B. 开路电流

    C. 工作电流　　　　　　　　　　D. 最大电流

2. 在衡量太阳能电池输出特性参数中,表征最大输出功率与太阳能电池短路电流和开路电压乘积比值的是(　　　)。

    A. 转换效率　　　　　　　　　　B. 填充因子

    C. 光谱响应　　　　　　　　　　D. 方块电阻

3. 太阳能电池是利用半导体(　　　)的半导体器件。

    A. 光热效应　　　　　　　　　　B. 热电效应

    C. 光生伏特效应　　　　　　　　D. 热斑效应

4. 测得某单片太阳能电池填充因子为 77.3%,其开路电压为 0.62 V,短路电流为 5.24 A,其测试输入功率为 15.625 W,则此太阳能电池的光电转换效率为(　　　)。

    A. 16.07%　　　　B. 15.31%　　　　C. 16.92%　　　　D. 14.83%

5. 在一定的温度和辐照度条件下,太阳能电池在空载(开路)情况下的端电压,也就是伏安特性曲线与横坐标相交的一点所对应的电压称为(　　　)。

    A. 短路电流　　　　　　　　　　B. 开路电压

    C. 工作电压　　　　　　　　　　D. 最大功率

6. 当日照条件达到一定程度时,由于日照的变化而引起较明显变化的是(　　　)。

    A. 开路电压　　　　　　　　　　B. 工作电流

    C. 短路电流　　　　　　　　　　D. 最佳倾角

7. 地面用太阳能电池标准测试条件为在温度为 25℃ 下,大气质量为 AM1.5 的阳光光谱,辐射能量密度为(　　　)W/m^2。

　　A．1000　　　　　B．1367　　　　　C．1353　　　　　D．1130

8．下列表征太阳能电池的参数中，(　　　　)不属于太阳能电池电学性能的主要参数。

　　A．开路电压　　　　B．短路电流　　　　C．填充因子　　　　D．掺杂浓度

二、填空题

1．在足够能量的光照条件下，晶体硅太阳能电池在 P-N 结内建电场的作用下，N 区的_____向 P 区运动，P 区的_____向 N 区运动。

2．太阳能电池的标准测试条件为，辐照光强为 1000 W/m²，_____，_____。

3．在太阳能电池电学性能参数中，其开路电压_____(填大于或小于)工作电压，工作电流_____(填大于或小于)短路电流。

4．在半导体硅中掺入磷，则形成___型半导体；在半导体硅中掺入硼，则形成___型半导体。

5．当太阳光或其他光照射到半导体 P-N 结、金属-半导体接触面时，就会产生电压，这种效应叫做_____。

三、判断题

1．光伏公司一般生产的单晶硅片是 P 型硅。　　　　　　　　　　　　　(　　)

2．SiN$_x$ 减反射膜起到两个作用，其一是减少光的反射，其二是使表面钝化。(　　)

3．导带底部与价带顶部之间的能量差，称为禁带宽度。　　　　　　　　(　　)

4．由于载流子的浓度差而造成的载流子的运动，称为漂移运动。　　　　(　　)

5．太阳能电池单体是用于光电转换的最小单元，其工作电压约为 200 mV～300 mV，工作电流为 20 mA/cm²～25 mA/cm²。　　　　　　　　　　　　　　　(　　)

6．随着电池板温度升高，短路电流上升，开路电压上升，转换效率升高。(　　)

7．产生本征吸收的条件是入射光子的能量小于半导体的禁带宽度。　　　(　　)

四、简答题

1．什么是本征半导体？什么是杂质半导体？

2．简述 P-N 结的形成。

3．绘制伏安特性曲线，并简述曲线上的参数都是什么。

4．地面用太阳能电池标准测试的条件是什么？

5．已知一种材料的禁带宽度为 1.2 eV，1300 nm 波长的光能否被该种材料吸收，并激发出电子？

6．某 156 mm × 156 mm 的多晶硅电池，开路电压为 620 mV，短路电流为 8.2 A，填充因子为 79%，则该电池的转换效率是多少？

7．简述直拉单晶硅工艺的步骤。

8．简述太阳能电池扩散制结的原理。

9．简述将光伏电池封装成组件的理由。

模块五　光伏应用系统

Module Ⅴ　Photovoltaic　Application　System

单元一　光伏系统部件

Unit Ⅰ　Photovoltaic System Components

光伏系统是太阳能电池在光照时发出电能，供给负载使用。它是需要多种部件协调配合才能组成的完整的系统。其中，太阳能电池方阵是最主要的部件。此外，还需要一系列配套部件，常称为平衡部件(Balance of System，BOS)，才能正常工作，这些部件主要包括：储能设备，防反充及旁路二极管，控制设备，逆变器，交、直流断路器，变压器及保护开关，计量仪表及记录显示设备，连接电缆、套管及汇流箱，框架、支持结构及紧固件，接地及防雷装置等。

光伏系统中的主要部件为太阳能电池方阵、二极管、储能装置、控制器和逆变器。

一、太阳能电池方阵

Ⅰ. Solar Cell Array

在一般情况下，单独一块太阳能电池组件，无法满足负载电压或功率的要求，需要将若干太阳能电池组件通过串、并联组成太阳能电池方阵，才能正常工作。

太阳能电池方阵是由若干个太阳能电池组件，在机械和电气上按一定方式组装在一起，并且有固定的支撑结构而构成的直流发电单元。太阳能电池组件的连接要根据系统电压及电流的要求来决定串、并联方式。应将最佳工作电流相近的组件串联在一起。比如，在连接水管时，一般情况下，可将长短不一的水管连接在一起，但内径要大致相同，这是基本常识。在实际应用中必须避免将功率相差较大的太阳能电池组件串联在一起，否则会造成光伏电站的整体发电效率偏低。

在串、并联数目较多时，最好采用混合式连接法。例如，在图 5.1 所示的四串四并的混合式连接电路中，若在极端情况下，每串均有一块组件损坏，又正好在不同的位置(图中有阴影部分)，则按照一般串、并联方法连接，整个太阳能电池方阵就全部不能工作。而如果按照如图 5.1 的混合式连接法，将组件的相应位置再用导线连接起来，这样整个太阳能电池方阵就只损失 1/4 的功率，基本还能保持工作。

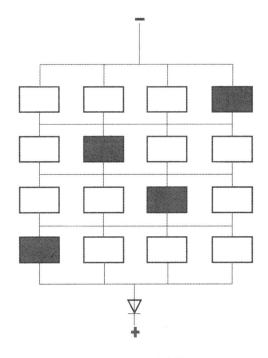

图 5.1　混合式连接

二、二极管

II. Diode

在太阳能电池方阵中，二极管是很重要的元器件，常用的二极管有以下两类。

1. 防反充(阻塞)二极管

在储能蓄电池与太阳能电池方阵之间，要串联一个阻塞二极管。由于太阳能电池相当于一个具有 P-N 结的二极管，阻塞二极管用来防止夜间或阴雨天太阳能电池方阵工作电压低于其供电的直流母线电压时，蓄电池反过来向太阳能电池方阵倒送电而消耗能量和导致方阵发热。防反充二极管串联在太阳能电池方阵的电路中，起到单向导通的作用。

由于阻塞二极管存在导通管压降，因此串联在电路中运行时要消耗一定的功率。一般使用的硅整流二极管管压降为 0.6 V～0.8 V，大容量硅整流二极管的管压降为 1 V～2 V，若用肖特基二极管，则管压降可降低为 0.2 V～0.3 V，但肖特基二极管的耐压和电流容量相对较小，选用时要加以注意。

在实际工作的光伏电站中，有些光伏电站的控制部分具有防反接功能，这时也可以不接阻塞二极管。

2. 旁路二极管

当有较多太阳能电池组件串联成太阳能电池方阵时，需要在每个太阳能电池组件两端并联一个二极管。当其中某个组件被阴影遮挡或出现故障而停止发电时，在二极管两端可以形成正向偏压，实现电流的旁路，不至于影响其他正常组件的发电，同时也保护太阳能电池组件因受到较高的正向偏压或由于"热斑效应"发热而损坏。这类并联在组件两端的二极管称为旁路二极管，如图 5.2 所示。

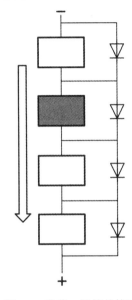

图 5.2　旁路二极管的接法

光伏方阵中通常使用的是硅整流型二极管，在选用型号时应注意其容量应留有一定富余量以防止击穿损坏。通常其耐压容量应能达到最大反向工作电压的两倍，电流容量也要达到预期最大运行电流的两倍。

如果所有的组件都是并联的，那就可不连接旁路二极管。实际应用时，由于设置旁路二极管要增加成本和损耗，对于组件串联数目不多并且现场工作条件比较好的场合，也可不用旁路二极管。

三、储能装置

III. Energy Storage Equipment

由于太阳能发电要受到气候条件的影响，只能在白天有阳光时才能发电，而且由于太阳辐射强度随时在变化，发电量也会随时改变，因此，对于离网光伏系统，必须配置储能装置，将方阵在有日照时发出的多余电能储存起来，供晚间或阴雨天使用。

1. 储能技术

储能主要是指电能的储存。储能技术可以说是新能源产业革命的核心。目前储能方式主要分为：机械储能、电磁储能和电化学储能。

1) 机械储能

机械储能是指将电能转换为机械能存储，在需要使用时再重新转换为电能，其主要包括：抽水储能、压缩空气储能和飞轮储能。

(1) 抽水储能。抽水储能系统使用具有不同水位的两个水库，谷负荷时，系统将下位水库中的水抽入上位水库；峰负荷时，利用反向水流发电。抽水储能电站的最大特点是储存能量非常大，其效率在70%～85%之间，适合用于电力系统调峰和用作备用电源的长时间场合。

(2) 压缩空气储能。压缩空气储能技术是指在电网负荷低谷期将电能用于压缩空气，将空气高压密封在报废矿井、沉降的海底储气罐、山洞、过期油气井或新建储气井中，在电网负荷高峰期释放压缩空气推动汽轮机发电的储能方式。

(3) 飞轮储能。飞轮储能技术利用电动机带动飞轮高速旋转，将电能转化成机械能储存起来，在需要时飞轮带动发电机发电。飞轮系统运行于真空度较高的环境中，其特点是没有摩擦损耗、风阻小、寿命长、对环境没有影响，几乎不需要维护，适用于电网调频和电能质量保障。飞轮储能的缺点是能量密度比较低。其在保证系统安全性方面的费用很高，在小型场合还无法体现其优势，目前主要应用于为蓄电池系统做补充。

2) 电磁储能

电磁储能包括超导储能和超级电容器储能。

(1) 超导储能。超导储能系统(SMES)是利用超导体制成的线圈储存磁场能量，功率输送时无需能源形式的转换，具有响应速度快(ms级)、转换效率高(≥96%)、比容量(1 Wh/kg～10 Wh/kg)/比功率(104 Wh/kg～105 kW/kg)大等优点，可以实现与电力系统的实时大容量能量交换和功率补偿。SMES可以充分满足输配电网电压支撑、功率补偿、频率调节、提高系统稳定性和功率输送能力的要求。

(2) 超级电容器储能。超级电容器根据电化学双电层理论研制而成，可提供强大的脉冲功率，充电时处于理想极化状态的电极表面，电荷将吸引周围电解质溶液中的异性离子，使其附于电极表面，形成双电荷层，构成双电层电容。电力系统中多用于短时间、大功率的负载平滑和电能质量峰值功率场合，如大功率直流电机的启动支撑、瞬态电压恢复器等，以便在电压跌落和瞬态干扰期间提高供电水平。

3) 电化学储能

在众多储能技术中，技术进步最快的是电化学储能技术。电化学储能具有使用方便、环境污染小、不受地域限制、在能量转换上不受卡诺循环限制、转化效率高、比能量和比功率高等优点。

电化学储能主要包括铅酸电池、锂离子电池、钠硫电池、钒液流电池、锌空气电池、氢镍电池、燃料电池等各种蓄电池，其中以铅酸电池、锂离子电池为主导的电化学储能技术在安全性、能量转换效率和经济性等方面均取得了重大突破，极具产业化应用前景。

2. 蓄电池

目前，在离网光伏系统中最常用的储能装置是蓄电池。

1) 蓄电池的种类

考虑到价格低廉、使用方便、维护简单等因素，常用的蓄电池是铅酸蓄电池和锂电池等。

(1) 铅酸蓄电池。铅酸蓄电池是 1859 年由法国人普兰特(Plante)发明的，至今已有一百多年的历史。铅酸蓄电池自发明后，在化学电源中一直占有绝对优势。这是因为其价格低廉、原材料易于获得、使用上有充分的可靠性、适用于大电流放电及广泛的环境温度范围等优点，一直是世界上产量最大、使用最多的蓄电池，广泛应用于汽车、电动车、军事、通信、电力、铁路等行业，近年来在太阳能发电领域的应用也在不断增加。铅酸蓄电池的外形如图 5.3 所示。

图 5.3 铅酸蓄电池的外形

• 铅酸蓄电池基本构造。铅酸蓄电池主要由管式正极板、负极板、电解液、隔板、电池槽、电池盖、极柱、注液盖等组成，铅酸蓄电池的基本结构如图 5.4 所示。按电极不同可分为排气式蓄电池和铅酸免维护电池。排气式蓄电池的电极是由铅和铅的氧化物构成，电解液是硫酸的水溶液，其主要优点是电压稳定、价格便宜，但缺点是比能低(即每公斤蓄电池存储的电能)、使用寿命短和日常维护频繁。老式普通蓄电池一般寿命在 2 年左右，而且需定期检查电解液的高度并添加蒸馏水。不过随着科技的发展，铅酸蓄电池的寿命变得更长而且维护也更简单。

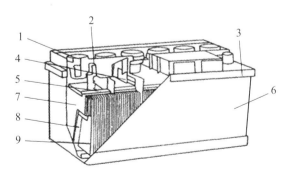

1—排气栓；
2—负极柱；
3—电池盖；
4—穿壁连接；
5—汇流条；
6—整体槽；
7—负极板；
8—隔板；
9—正极板

图 5.4 铅酸蓄电池的基本结构

　　传统的铅酸蓄电池在使用过程中会发生减液现象，这是因为栅架上的锑会污染负极板上的海绵状纯铅，减弱了完全充电后蓄电池内的反电动势，从而造成水的过度分解，大量氧气和氢气分别从正、负极板上逸出，使电解液减少，所以需要定期补充电解液，增加了维护工作量。铅酸免维护蓄电池采用铅钙合金栅架，充电时产生的水分解量少，液体气化速度减小，水分蒸发量低，在充电时正极板上产生的氧气，通过再化合反应在负极板上还原成水，使用时在规定浮充寿命期内不必加水维护。另外，还可采取一些其他措施，如外壳采用密封结构，壳盖在结构上采用迷宫式气室，特殊设计的氟塑料橡胶多孔透气阀，同时采用了富液设计方案，比一般铅酸蓄电池多加了20%的酸液；铅酸免维护电池采用多孔低阻 PE 隔板，极群组周围及槽体之间充满了酸液，有很大的热容量和好的散热性，不会产生热量积累和热失控，受温度影响比一般蓄电池小，从而排除了铅酸蓄电池干涸失效现象。铅酸免维护蓄电池由于释放出来的硫酸气体很少，所以与传统蓄电池相比，具有不需添加任何液体，对接线桩头、电线腐蚀少，内阻小，低温启动性能好，抗过充电能力强，启动电流大，电量储存时间长，不泄漏酸液，运输和维护方便等优点，已在中小型光伏系统中普遍使用。

　　铅酸蓄电池最明显的特征是其顶部有可拧开的塑料密封盖，上面还有通气孔。这些注液盖是用来加注纯水、检查电解液和排放气体的。铅酸蓄电池需要在每次保养时检查电解液的密度和液面高度，如果有缺少，则需添加蒸馏水。但随着蓄电池制造技术的升级，铅酸蓄电池发展为铅酸免维护蓄电池和胶体蓄电池，使用中无需添加电解液或蒸馏水，主要是利用正极产生氧气在负极吸收达到氧循环，防止水分减少。

　　胶体蓄电池是对液态电解质普通铅酸蓄电池的改进，实际上是将铅酸蓄电池中的硫酸电解液换成硅胶电解质，其工作原理仍与铅酸蓄电池相同。硅胶电解质是用二氧化硅凝胶和一定浓度的硫酸，按照适当的比例混合在一起，形成一种多孔、多通道的高分子聚合物，将水和硫酸都吸附其中，形成固体电解质。使用硅胶电解质后，会使蓄电池的自放电减少，在同样的硫酸浓度和水质的情况下，蓄电池的存放时间可以延长 2 倍以上，耐过充放电能力强，可以将蓄电池的寿命延长 2~3 倍。硅胶蓄电池不会出现漏液、渗液等现象，逸气量小，对环境的影响小，并且具有维护少的特点。但其缺点是：胶体电解质加注比较困难。若胶体在配制过程中控制不好或工艺不当，则对蓄电池性能的影响很大，质量不易保证，价格也比较高。

　　• 铅酸蓄电池型号含义。根据机械行业标准 JB/T2599－1993 规定，铅酸蓄电池型号表示分为 3 段：

　　第 1 段为数字，表示串联的单体电池数，每一个单体电池的标称电压是 2 V，当电池数为 1 时，第 1 段可以省略。通常所用的 12 V 蓄电池是由 6 个单体电池串联而成的。

　　第 2 段为 2~4 个汉语拼音字母，表示电池的类型和特征，类型根据主要用途划分，含义见表 5.1。

　　第 3 段表示电池的额定容量。例如，6QA-120 表示有 6 个单体电池(12 V)，启动用电池，装有干荷电式极板，额定容量为 120 Ah。

表5.1 铅酸蓄电池类型含义

第一汉语拼音字母	含 义	第二汉语拼音字母	含 义
Q	启动用	A	干荷电式
G	固定用	F	防酸式
D	电池车	FM	阀控式
N	内燃机车	W	无需维护式
T	铁路客车	J	胶体电液
M	摩托车	D	带液式
KS	矿灯酸性	J	激活式
JC	舰船	Q	气密式
B	航标灯	H	湿荷式
TK	坦克	B	半密封式
S	闪光灯	Y	液密式

• 铅酸蓄电池工作原理。铅酸蓄电池电动势的产生：铅酸蓄电池充电后，正极板是二氧化铅(PbO_2)，在硫酸溶液中水分子的作用下，少量二氧化铅与水生成可离解的不稳定物质——氢氧化铅($Pb(OH)_2$)，氢氧根离子在溶液中，铅离子留在正极板上，故正极板上缺少电子。

铅酸蓄电池充电后，负极板是铅(Pb)，与电解液中的硫酸(H_2SO_4)发生反应，变成铅离子(Pb^{+2})，铅离子转移到电解液中，负极板上留下多余的两个电子(2e)。可见，在未接通外电路时(电池开路)，由于化学作用，正极板上缺少电子，负极板上多余电子，两极板间就产生了一定的电位差，这就是电池的电动势。

铅酸蓄电池放电过程的电化反应是指铅酸蓄电池放电时，在蓄电池的电位差作用下，负极板上的电子经负载进入正极板形成电流 I，同时在电池内部进行化学反应。负极板上每个铅原子放出两个电子后，生成的铅离子(Pb^{+2})与电解液中的硫酸根离子(SO_4^{-2})反应，在极板上生成难溶的硫酸铅($PbSO_4$)。正极板的铅离子(Pb^{+4})得到来自负极的两个电子(2e)后，变成二价铅离子(Pb^{+2})，与电解液中的硫酸根离子(SO_4^{-2})反应，也在极板上生成硫酸铅($PbSO_4$)。正极板水解出的氧离子(O^{-2})与电解液中的氢离子(H^+)反应，生成稳定物质水。

电解液中存在的硫酸根离子和氢离子在电力场的作用下分别移向电池的正负极，在电池内部形成电流，整个回路形成，蓄电池向外持续放电。放电时 H_2SO_4 浓度不断下降，正负极上的硫酸铅($PbSO_4$)增加，电池内阻增大(硫酸铅不导电)，电解液浓度下降，电池电动势降低。

(2) 锂电池。锂电池是一类以锂金属或锂合物为负极材料、使用非水电解液溶液的电池。其主要应用于便携式的移动设备中，其效率可达 95%以上，放电时间可达数小时，循环次数可达 5000 次或更多，响应快速，是电池中能量最高的实用性电池，目前来说也用得最多。

锂电池由正极、负极、电解液和隔膜等组成。锂电池的正极材料通常由锂的活性化合物组成，负极则是特殊分子结构的碳。充电时，加在电池两极的电势迫使正极的化合物释出锂离子，嵌入负极分子排列呈片层结构的碳中；放电时，锂离子则从片层结构的碳中析出，重新和正极的化合物结合，锂离子的移动产生了电流。

市场上主流的动力锂电池分为三大类：钴酸锂电池、锰酸锂电池和磷酸铁锂电池。

2) 蓄电池的参数

蓄电池的参数以应用最多的铅酸蓄电池为例进行介绍。

(1) 蓄电池的电压。铅酸蓄电池每格的标称电压是 2 V，实际电压随充放电情况而有变化。充电结束时电压有 2.5 V～2.7 V，以后缓慢降到 2.05 V 左右的稳定状态。放电时，电压缓慢下降，低到 1.75 V 时，便不能再继续放电，否则会损坏蓄电池的极板。

(2) 蓄电池的容量。蓄电池的容量是出厂时规定的，是指该蓄电池在一定的放电电流和一定的电解液温度下，单格电池的电压降到规定值，所能提供的电量。一般用安时(A·h)或瓦时(W·h)表示。目前，铅酸蓄电池产品容量可从 1 安时到几千甚至上万安时。蓄电池标称容量不仅取决于蓄电池本身，还与使用条件有关。

蓄电池容量与温度的关系：

铅酸蓄电池电解液的温度对蓄电池的容量有一定影响，温度高时，电解液的黏度下降，电阻减小，扩散速度增大，电池的化学反应加强，这些都会使容量增大。但是温度升高时，蓄电池的自放电会增加，电解液的消耗量也会增多。电池在低温下容量迅速下降，通用型蓄电池在温度降到 5℃时，容量会降到 70%左右。低于-15℃时容量将下降到不足 60%，且在-10℃以下充电反应非常缓慢，可能造成放电后难以恢复。放完电后若不能及时充电，则在温度低于-30℃时有被冻坏的危险。

(3) 蓄电池的使用寿命。在独立光伏系统中，通常蓄电池是使用寿命最短的部件。

根据蓄电池用途和使用方法不同，对于寿命的评价方法也不相同。对于铅酸蓄电池，可分为充放电循环寿命、使用寿命和恒流过充电寿命三种评价方法。在可再生能源领域使用的蓄电池，主要为前两种。

蓄电池的充放电循环寿命以充、放电循环次数来衡量，而使用寿命则是以蓄电池的工作年限来衡量。根据有关规定，固定型(开口式)铅酸蓄电池的充放电循环寿命应不低于 1000 次，使用寿命(浮充电)应不低于 10 年。实际上蓄电池的使用寿命与蓄电池本身质量及工作条件、使用和维护情况等因素有很大关系。图 5.5 所示为蓄电池放电深度与循环次数关系曲线。

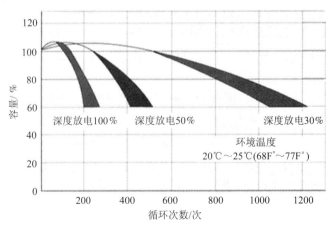

图 5.5   蓄电池放电深度与循环次数关系曲线

(4) 蓄电池的效率。在离网光伏系统中，常用蓄电池作为储能装置，充电时将光伏方阵发出的电能转变成化学能储存起来；放电时再把化学能转变成电能，供给负载使用。实际使用的蓄电池不可能是完全理想的储能器，在工作过程中必然有一定的能量损耗，通常用能量效率和充电效率来表示。能量效率指蓄电池放电时输出的能量与充电时输入的能量之比。影响能量效率的主要因素是蓄电池的内阻。充电效率(又称库仑效率)指蓄电池放电时输出的电量与充电时输入的电量之比。影响充电效率的主要因素是蓄电池内部的各种负反应，如自放电。

对于一般的离网光伏系统，平均充电效率为80%～85%，在冬天可增加到90%～95%。这是由于蓄电池在比较低的荷电态(85%～90%)时，有较高的充电效率。多数电量直接供负载使用，要比进入蓄电池效率高(实验测得的充电效率达95%)。

(5) 蓄电池的自放电。在蓄电池不被使用时，随着放置时间的延长，储电量会自动减少，这种现象称为自放电。自放电剩余容量与储存时间关系曲线如图5.6所示。

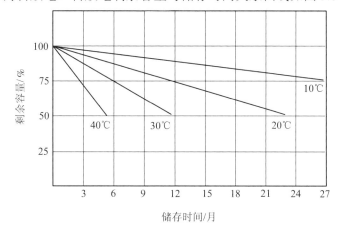

图5.6　自放电剩余容量与储存时间关系曲线

(6) 蓄电池的放电深度与荷电态。放电深度(Depth of Discharge，DOD)是指用户在蓄电池使用的过程中，蓄电池放出的安时数占其标称容量安时数的百分比。深度放电会造成蓄电池内部极板表面硫酸盐化，导致蓄电池的内阻增大，严重时会使个别电池出现"反极"现象和永久性损坏。因此，过大的放电深度会严重影响电池的使用寿命，非迫不得已，不要让电池处于深度放电状态。一般情况下，在光伏系统中，蓄电池的放电深度为30%～80%。

衡量蓄电池充电程度的另一个重要参数是荷电态(State of Charge，SOC)。通常把一定温度下蓄电池充电到不能再吸收能量的状态定义为荷电态 SOC=100%，而将蓄电池再不能放出能量的状态定义为荷电态 SOC=0%。因此，一般铅酸蓄电池 SOC 的定义为

$$SOC = \frac{C_r}{C_t} \times 100\%$$

式中，C_r 和 C_t 分别表示某个时刻的蓄电池的剩余电量和总电量。

荷电态与放电深度的关系为

$$SOC = 1 - DOD$$

随着蓄电池的放电，其荷电态要逐渐减少，相应的电解液的相对密度和开路电压也会变小，电解液的冰点要提高，见表 5.2，所以可以通过测量蓄电池的开路电压来大致判断蓄电池荷电态和电解液的相对密度。如果发现蓄电池已经过放电，则必要时可补充电解液，再进行小电流长时间充电，有可能使荷电态得到一定程度的恢复。

表 5.2   典型深循环铅酸蓄电池荷电态、相对密度、电压和冰点

荷电态	相对密度	单体电池电压/V	12 V 蓄电池电压/V	冰点/℃
全部充满	1.265	2.12	12.70	−57.2
75%充满	1.225	2.10	12.60	−37.2
50%充满	1.190	2.08	12.45	−23.3
25%充满	1.155	2.03	12.20	−16.1
全部放完	1.120	1.95	11.70	−8.3

总之，蓄电池在离网光伏系统中是十分重要的组成部分，也是整个系统中使用寿命最短的部件，因此必须合理配备蓄电池的类型和规格，选择合适的型号，具有足够的容量，精心安装和维护，才能保证离网光伏系统的长期稳定运行。

四、控制器

Ⅳ. Controller

光伏系统中的控制器是对光伏系统进行管理和控制的设备，控制器主要由电子元器件、仪表、继电器、开关等组成。在并网光伏系统中，控制器往往与逆变器合为一体，因此其功能也成为逆变器功能的一部分。

在离网光伏系统中，控制器的基本作用是控制多路太阳能电池方阵对蓄电池充电以及蓄电池给太阳能逆变器负载供电，从而能够尽量延长蓄电池的使用寿命，同时保护蓄电池具有输入充满和容量不足时断开和恢复接连功能，以避免过充电和过放电的现象发生。如果用户使用直流负载，则还可以有稳压功能，为负载提供稳定的直流电。

1. 控制器的类型

光伏充电控制器主要可分为以下五种类型。

1) 并联型控制器

当蓄电池充满时，并联型控制器利用电子元器件把光伏方阵的输出能量分流到内部并联的电阻器或功率模块上，然后以热的形式消耗掉。因为这种方式消耗热能，所以一般只用于小型、低功率系统，而且对于分流负载有以下要求：

(1) 直流分流负载电流不得超过控制器最大额定电流。

(2) 直流分流负载的电压等级必须高于最大的蓄电池电压。

(3) 直流分流负载的额定功率必须至少为最大光伏方阵输出功率的 150%。

(4) 直流分流负载电路的导线和过电流保护必须至少能经受控制器最大额定电流的150%。

这类控制器没有继电器之类的机械部件，所以工作十分可靠。

2) 串联型控制器

串联型控制器利用机械继电器控制充电过程，并在夜间切断光伏阵列，一般用于较高功率系统。继电器的容量决定了充电控制器的功率等级。

3) 脉宽调制型控制器

脉宽调制型控制器以 PWM 脉冲方式切断/接通光伏方阵的输入。当蓄电池趋向充满时，脉冲的频率和时间缩短。这种充电过程可形成较完整的充电状态，能增加光伏系统中蓄电池的总循环寿命。

4) 智能型控制器

智能型控制器采用带 CPU 的单片机，对光伏系统的运行参数进行高速实时采集，并按照一定的控制规律由软件程序对单路或多路光伏方阵进行切断/接通控制。对于中、大型光伏电源系统，还可通过单片机的 RS-232 接口配合调制解调器进行远距离控制。

5) 最大功率跟踪型控制器

最大功率跟踪型控制器将太阳能电池的电压和电流检测后相乘得到功率，然后判断太阳能电池此时的输出功率是否达到最大，若不在最大功率点运行，则调整脉宽，调制输出占空比，改变充电电流，再次进行实时采样，并做出是否改变占空比的判断。通过这样的寻优过程可保证太阳能电池方阵始终运行在最大功率点，以充分利用其输出的能量。同时，采用 PWM 调制方式，可使充电电流成为脉冲电流，以减少蓄电池的极化，提高充电效率。

2. 控制器的主要功能

(1) 蓄电池充、放电管理。控制器应具有输入充满断开和恢复接连功能，标准设计的蓄电池电压值为 12 V 时，充满断开和恢复连接的参考值如下：

启动型铅酸蓄电池充满断开为 15.0 V～15.2 V，恢复连接为 13.7 V；

固定型铅酸蓄电池充满断开为 14.8 V～15.0 V，恢复连接为 13.7 V；

密封型铅酸蓄电池充满断开为 14.1 V～14.5 V，恢复连接为 13.2 V。

当单体蓄电池电压降到过放点(1.80 ± 0.05)V 时，控制器应能自动切断负载；当电压回升到充电恢复点 2.2 V～2.25 V 时，控制器应能自动或手动恢复对负载的供电。

考虑到环境及电池的工作温度特性，控制器应具备温度补偿功能。温度补偿功能主要是在不同的工作环境温度下，能够对蓄电池设置更为合理的充电电压，以防止因过充电或欠充电状态而造成电池充放电的容量过早下降甚至报废。

(2) 设备保护。设备保护主要有以下几方面：

· 负载短路保护：能够承受任何负载短路的电路保护。

- 内部短路保护：能够承受充电控制器、逆变器和其他设备内部短路的电路保护。
- 反向放电保护：能够防止蓄电池通过太阳能电池组件反向放电的电路保护。
- 极性反接保护：能够承受负载、太阳能电池组件或蓄电池极性反接的电路保护。
- 雷电保护：能够承受在多雷区由于雷击而引起击穿的电路保护。

五、逆变器

Ⅴ. Inverter

通常把将交流电能变换成直流电能的过程称为整流，把完成整流功能的电路称为整流电路，把实现整流过程的装置称为整流设备或整流器。与之相对应，把将直流电能变换成交流电能的过程称为逆变，把完成逆变功能的电路称为逆变电路，把实现逆变过程的装置称为逆变设备或逆变器。

1. 逆变器分类

(1) 按逆变器输出交流电能的频率可分为：

- 工频逆变器：工频逆变器指频率为 50 Hz～60 Hz 的逆变器。
- 中频逆变器：中频逆变器的频率一般为 400 Hz 到十几 kHz。
- 高频逆变器：高频逆变器的频率一般为十几 kHz 到 MHz。

(2) 按隔离方式可分为：

- 独立光伏系统逆变器。独立光伏系统逆变器包括边远地区的村庄供电系统、太阳能用户电源系统、通信信号电源、阴极保护、太阳能路灯等带有蓄电池的独立发电系统。

- 并网光伏系统逆变器。并网发电系统是与电网相连并向电网输送电力的光伏发电系统。通过光伏组件将接收的太阳辐射能量经过高频直流转换后变成高压直流电，经过逆变器逆变转换后向电网输出与电网电压同频、同相的正弦交流电流。

(3) 按逆变器适用场合的不同可分为：

- 集中式逆变器。集中逆变技术是指若干个并行的光伏组串被连到同一台集中逆变器的直流输入端，一般功率大的使用三相的 IGBT(绝缘栅双极型晶体管)功率模块，功率较小的使用场效应晶体管，同时使用 DSP(数字信号处理)转换控制器来改善所产出电能的质量，使它非常接近于正弦波电流，一般用于大型光伏发电站(>10 kW)的系统中。

- 组串式逆变器。组串式逆变器是基于模块化概念基础上的，每个光伏组串(1 kW～5 kW)通过一个逆变器，在直流端具有最大功率峰值跟踪，在交流端并联并网，已成为现在国际市场上最流行的逆变器。

- 集散式逆变器。集散式逆变器是近两年来新提出的一种逆变器形式，其主要特点是"集中逆变"和"分散 MPPT(最大功率点跟踪)"。集散式逆变器是聚集了集中式逆变器和组串式逆变器两种逆变器优点的产物，做到了"集中式逆变器的低成本，组串式逆变器的高发电量"。

• 微型逆变器。在传统的光伏系统中，每一路组串型逆变器的直流输入端，会由 10 块左右的光伏电池板串联接入。当 10 块串联的电池板中，若有一块不能良好工作，则这一串都会受到影响。若逆变器多路输入使用同一个 MPPT，那么各路输入也都会受到影响，大幅降低发电效率。在实际应用中，云彩、树木、烟囱、动物、灰尘、冰雪等各种遮挡因素都会导致上述后果。而在微型逆变器的 PV 系统中，每一块电池板分别接入一台微型逆变器，当电池板中有一块不能良好工作，则只有这一块会受到影响，其他光伏板都将在最佳工作状态运行，使得系统总体效率更高，发电量更大。在实际应用中，若组串型逆变器出现故障，则会引起几千瓦的电池板不能发挥作用，而微型逆变器故障造成的影响相当之小。

2. 逆变器的工作原理

逆变器的直接功能是将直流电能变换成为交流电能,逆变装置的核心是逆变开关电路,简称为逆变电路。该电路通过电力电子开关的导通与关断，来完成逆变的功能。电力电子开关器件的通断，需要一定的驱动脉冲，这些脉冲可能通过改变一个电压信号来调节。产生和调节脉冲的电路，通常称为控制电路或控制回路。逆变器简单工作原理如图 5.7 所示。

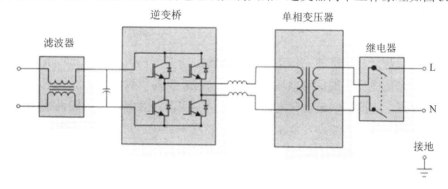

图 5.7　逆变器简单工作原理

3. 逆变器的主要技术指标

在光伏系统中使用的逆变器常用的技术指标有以下几个。

1) 输出电压的变化范围

在光伏系统中，太阳能电池发出的电能先由蓄电池储存起来，然后经过逆变器逆变成 220 V 或 380 V 的交流电。但是蓄电池受自身充放电的影响，其输出电压的变化范围较大，如标称 12 V 的蓄电池，其电压值可在 10.8 V～14.4 V 之间变动(超出这个范围可能对蓄电池造成损坏)。对于一个合格的逆变器，输入端电压在这个范围内变化时，其稳态输出电压的变化量应不超过额定值的±5%，同时当负载发生突变时，其输出电压偏差不应超过额定值的±10%。

2) 输出电压的波形失真度

对正弦波逆变器，应规定允许的最大波形失真度(或谐波含量)。通常以输出电压的总波形失真度表示，其值应不超过 5%(单相输出允许 10%)。由于逆变器输出的高次谐波电流会在感性负载上产生涡流等附加损耗，因此如果逆变器波形失真度过大，则会导致负载部件严重发热，不利于电气设备的安全，并且严重影响系统的运行效率。

3) 额定输出频率

逆变器输出频率应相对稳定，如工频 50 Hz，正常工作时与额定输出频率的偏差应不超过 1%。国标 GB/T19064—2003 规定的输出频率应在 49 Hz～51 Hz。

4) 负载功率因数

负载功率因数表征逆变器带感性负载或容性负载的能力。正弦波逆变器的负载功率因数为 0.7～0.9，额定值为 0.9。在负载功率一定的情况下，如果逆变器的功率因数较低，则所需逆变器的容量就要增大，除了造成成本增加，同时光伏系统交流回路的视在功率增大，回路电流增大，损耗必然增加，系统效率也会降低。

5) 额定输出电流

额定输出电流表示在规定的负载功率因数范围内逆变器的额定输出电流。有些逆变器产品给出的是额定输出容量，其单位以 VA 或 kVA 表示。逆变器的额定容量是指当输出功率因数为 1 (即纯阻性负载)时，额定输出电压与额定输出电流的乘积。

6) 逆变器效率

逆变器效率是指在规定的工作条件下，其输出功率与输入功率之比，以百分数表示。一般情况下，光伏逆变器的标称效率是指纯阻负载，80%负载情况下的效率。由于光伏系统总体成本较高，因此应该最大限度地提高光伏逆变器的效率，以降低系统成本，提高光伏系统的性价比。目前主流逆变器标称效率在 80%～95%之间，对小功率逆变器要求其效率不低于 85%。在光伏系统实际设计过程中，不但要选择高效率的逆变器，同时还应通过系统合理配置，尽量使光伏系统负载工作在最佳效率点附近。

7) 保护措施

一款性能优良的逆变器，还应具备完备的保护功能或措施，以应对在实际使用过程中出现的各种异常情况，使逆变器本身及系统其他部件免受损伤。

(1) 输入欠压保护。当输入端电压低于额定电压的 85%时，逆变器应有保护和显示。

(2) 输入过压保护。当输入端电压高于额定电压的 130%时，逆变器应有保护和显示。

(3) 过电流保护。逆变器的过电流保护，应能保证在负载发生短路或电流超过允许值时及时动作，使其免受浪涌电流的损伤。当工作电流超过额定的 150%时，逆变器应能自动保护。

(4) 输出短路保护。逆变器短路保护动作时间应不超过 0.5 s。

(5) 输入反接保护。当输入端正、负极接反时，逆变器应有防护功能和显示。

(6) 防雷保护。

(7) 过温保护。

(8) 起动特性。起动特性表征逆变器带负载起动的能力和动态工作时的性能。逆变器应保证在额定负载下可靠起动。

(9) 减噪声。电力电子设备中的变压器、滤波电感、电磁开关及风扇等部件均会产生噪声。逆变器正常运行时，其噪声应不超过 80 dB，小型逆变器的噪声应不超过 65 dB。

另外，对无电压稳定措施的逆变器，其还应有输出过电压防护措施，以使负载免受过电压的损害。

单元二　光伏系统应用

Unit Ⅱ　Applications of Photovoltaic System

近年来，地面光伏系统的应用进一步分为离网非户用光伏系统、离网户用光伏系统、分布式并网光伏系统、集中式并网光伏系统和混合系统五种类型。

一、离网非户用光伏系统

Ⅰ. Off-grid Non-household Photovoltaic System

离网非户用光伏系统，也称为独立光伏系统，是完全依靠太阳能电池供电的光伏系统，系统中太阳能电池方阵是唯一的能量来源。离网光伏系统一直是光伏系统最主要的应用领域，直到 2000 年，并网光伏系统的安装量才超过了离网系统，目前离网光伏系统在很多没有电网覆盖的地区还发挥着重要的作用。最简单的离网光伏系统是直连系统，由太阳能电池方阵受光照时发出的直流电力直接供给负载使用。中间没有储能设备，因此负载只在有光照时才能工作。夜间或是阴雨天气也需要供电的离网光伏系统，通常需要配备储能装置，将太阳能电池方阵发出的多余电力储存起来，以随时提供负载用电的需要。

1. 光伏水泵

光伏水泵是无电干旱地区理想的抽水工具，具有不需要连接电网、不消耗燃料、便于移动、安装方便、维护简单、工作寿命长、没有污染等优点，而且越是干旱，太阳光越强，光伏水泵抽水越多，正好满足要求，所以特别适合于解决无电地区的人畜饮水和少量灌溉问题。只是由于目前价格较高，使用还不够普遍。随着科技的进步，光伏发电成本的不断降低，光伏水泵有着广阔的发展前景。

2. 太阳能风帽

太阳能风帽是另一种直连系统的类型。它是将太阳能电池组件安装在凉帽顶部，通过导线与小电动机连接，在太阳照射下，太阳能电池组件发出的电力可驱动小电动机带动风扇转动，从而在炎热的夏天给室外工作的人员带来一丝凉意。

3. 通信电源

在远距离通信或信号传输中，每隔一定距离通常需要设立中继或转播站，必须要有可靠的电源才能正常工作。而在有些地区常规供电常常不能得到保证，特别是在高山或荒漠地区，更是无法依靠延伸电网的办法来供电。其他类型的独立电源，如汽油或柴油机发电、发电机发电、风力发电、闭环汽轮机(CCVT)发电及半导体温差(TEG)发电等都有一定的局限性。而光伏发电随处可得，并且可以无人值守，因此采用光伏发电是理想的选择。所以在早期的太阳能光伏系统应用中，通信电源占有相当大的份额。

二、离网户用光伏系统

Ⅱ. Off-grid Household Photovoltaic System

全球还有将近 13 亿人口缺乏电力，其中大部分居住在经济不发达的边远地区，很难依靠延伸常规电网来解决用电问题。而这些地区往往太阳能资源十分丰富，应用太阳能发电大有可为。

最基本的离网户用光伏系统主要由太阳能电池板、蓄电池和控制器以及连接导线等组成。最初主要是为了满足边远无电地区农民家庭最基本的照明需要，用来取代煤油灯，所以功率都很小。一般太阳能电池板功率只有 10 W 左右，系统简单，有的甚至不用控制器。后来逐步发展成可为 2～3 只节能灯、一台 14 in 黑白电视机供电，这时太阳能电池板功率为 30 W 左右。开始阶段，由于系统设计不够合理、元器件质量不过关或维护不当等原因，出现的故障比较多，后来经过逐步改进，已经成为成熟的光伏产品。近年来随着经济的增长和生活水平的提高，用户要求光伏系统能为更多的家用电器(如彩电、冰箱等)供电，相应地，太阳能电池板和新电池容量较大的光伏户用系统也有了一定的市场。从 20 世纪 80 年代开始，这些离网户用光伏系统在中国西部地区已经得到普遍推广应用，取得了良好的经济和社会效益。

三、分布式并网光伏系统

Ⅲ. Distributed Grid-connected Photovoltaic System

分布式并网系统将户用光伏系统与电网相连，在有日照时，光伏方阵发出的电力除供给家庭电器使用外，如有多余，则可以输入电网。在晚上或阴雨天，光伏方阵发出的电力不足时，则由电网向家庭电器供应一部分或全部电力。这类光伏系统有很多优点：太阳能电池方阵可以安装在屋顶上，这样就不必占有宝贵的土地资源，并实现就近供电，不需要长距离输送，也减少了线路损耗；由于电力可以随时输入电网或由电网供电，因此光伏系统就不必配备储能装置，这样不但节省了投资，还可以避免维护和更换蓄电池的麻烦；由于不受电池容量的限制，光伏系统所发电力可以全部得到利用。

在一些工业化国家实施的"太阳能屋顶计划"的推动下，分布式并网光伏系统发展非常迅速。分布式并网光伏系统是光伏系统的应用正式进入城市的重要标志，有着十分广阔的发展前景。

四、集中式并网光伏系统

Ⅳ. Centralized Grid-connected Photovoltaic System

集中式并网系统通常都有相当规模，所发的电能将全部输入电网，相当于常规的发电站。由于集中式并网系统是集中经营管理，可以采用先进技术，统一调度，所以相对的发电成本较低。

近年来，由于技术的进步和太阳能电池价格的降低，加上一些国家实施的扶助政策，大型光伏电站开始大量兴建，规模也迅速扩大，形成了建设大型光伏电站的高潮。

五、混合系统

Ⅴ. Hybrid System

在光伏系统的应用中，还可以将一种或几种发电方式同时引入光伏系统中，这种光伏系统与其他发电方式联合向负载供电的系统称为混合光伏发电系统。

1. 光伏/柴油机混合发电系统

由于目前光伏系统的价格较高，如果完全用光伏发电来满足负载用电的需求，太阳能电池方阵和蓄电池必须在最差的天气条件下也能支持负载的运行，则需要配备容量相当大的太阳能电池方阵和蓄电池。然而在夏天太阳辐射量大，多余的电力只能浪费，因此为了解决这个矛盾，可以配置柴油发电机作为备用电源，平时由光伏系统供电，冬天太阳辐射量不足时启动柴油发电机供电，这样往往可以节省投资。当然这需要具备一定条件，如当地的冬天与夏天太阳辐照量相差很大，而且可以保证柴油的可靠供应，还需要有操作和维护柴油发电机的技术人员等。

2. 风力/光伏混合发电系统

风能和太阳能都具有能量密度低、稳定性差的弱点，并受到地理分布、季节变化、昼夜交替等影响。然而，大体上太阳能与风能在时间上和地域上都有一定的互补性，白天太阳光最强时，风较小，晚上太阳下山后，光照很弱，但由于地表温差变化大而风力加强。在夏季，太阳辐照强度大而风小；在冬季，太阳辐照强度弱而风大。太阳能发电稳定可靠，但目前成本较高，而风力发电成本较低，但随机性大，供电可靠性差。如将两者结合起来，就能够取长补短，达到既能实现昼夜供电，又能降低成本的目的。所以风力/光伏混合发电系统是资源条件最好的独立电源系统，在很多地区得到了广泛的应用。图 5.8 所示为风力/光伏混合发电系统，由风力发电机组、太阳能电池方阵、控制器、蓄电池、逆变器及附件等组成。

图 5.8   风力/光伏混合发电系统

测 试 题
Test

一、选择题

1. 一个独立光伏系统中，最核心的部件是_____。

    A. 蓄电池   B. 光伏电池   C. 逆变器   D. 控制器

2. 一个独立光伏系统，已知系统电压为 48 V，蓄电池的标称电压为 12 V，那么需串联的蓄电池数量为_____。

    A. 1   B. 4   C. 3   D. 2

3. 在太阳能光伏发电系统中，最常使用的储能元件是_____。

    A. 锂离子电池   B. 镍铬电池

    C. 铅酸蓄电池   D. 碱性蓄电池

4. 太阳能光伏发电系统中，太阳能电池组件表面被污物遮盖，会影响整个太阳能电池方阵所发出的电力，从而产生_____。

    A. 霍尔效应   B. 孤岛效应

    C. 充电效应   D. 热斑效应

5. 蓄电池的容量就是蓄电池的蓄电能力，标志符号为 C，通常用_____来表征蓄电池容量。

    A. 安培   B. 伏特   C. 瓦特   D. 安时

6. 在太阳能光伏发电系统中，太阳能电池方阵所发出的电力如果要供交流负载使用，实现此功能的主要器件是_____。

    A．稳压器　　　　　B．逆变器　　　　　C．二极管　　　　　D．蓄电池

7．在蓄电池使用过程中，其放出的容量占其额定容量的百分比称为_____。

    A．自放电率　　　　　　　　　　　B．使用寿命

    C．放电速率　　　　　　　　　　　D．放电深度

8．光伏并网发电系统不需要下列_____设备。

    A．负载　　　　　B．逆变器　　　　　C．控制器　　　　　D．蓄电池

9．_____的作用是避免由于太阳能电池方阵在阴雨天和夜晚不发电的时候或出现故障时，导致太阳能电池组件反充发热造成损坏。

    A．稳压二极管　　　　　　　　　　B．防反充二极管

    C．旁路二极管　　　　　　　　　　D．串联二极管

二、填空题

1．电路中，实现直流变成交流叫_____，实现交流变成直流叫_____。

2．太阳能光伏发电系统中，没有与公共电网相连接的光伏系统称为_____太阳能光伏发电系统；与公共电网相连接的光伏系统称为_____太阳能光伏发电系统。

3．蓄电池在独立存放期间容量逐渐减小的现象叫_____。

4．铅酸蓄电池正极板的材料是_____，负极板的材料是_____。

5．太阳能电池组件为了获得更高的工作电压，可以把组件_____联起来，为了获得更大的输出电流，可以将组件_____联使用。

三、判断题

1．太阳能光伏发电系统中，孤岛效应指在电网失电情况下，发电设备仍作为孤立电源对负载供电这一现象。　　　　　　　　　　　　　　　　　　　　　（　　）

2．在太阳能光伏发电系统中，太阳能电池方阵所发出的电力如果要供交流负载使用的话，则实现此功能的主要器件是逆变器。　　　　　　　　　　　　　　　（　　）

3．太阳能光伏发电系统中，太阳能电池组件表面被污物遮盖，会影响整个太阳能电池方阵所发出的电力，从而产生热斑效应。　　　　　　　　　　　　　　　（　　）

4．光伏发电系统可以分为光伏离网发电系统和光伏并网发电系统。　（　　）

四、简答题

1．光伏系统部件包含哪些？作用是什么？

2．简述铅酸蓄电池的工作原理。

3．主要的储能技术有哪些？

4．蓄电池的容量、电压、放电深度指的是什么？

5．简述单相光伏逆变器的工作原理。

6．光伏应用系统的种类有哪些？应用系统由哪些部分组成？

模块六 太阳能光热应用技术

Module Ⅵ The Technology of Solar Photothermal Application

地球上的各种生命，主要以太阳提供的能量生存。自古以来人类便懂得利用阳光晒干物品，并利用太阳光制作食物，如制盐、晾晒肉制品以及收集阳光进行烹饪等。在化石燃料日趋减少的当下，太阳能已成为可供人类使用的重要能源，并在科技发展的推动下不断得到发展。一般太阳能的应用有光热转换和光电转换两种方式。本章针对太阳能光热应用原理，以及相关系统对光热应用的发展前景进行介绍。

单元一 太阳能光热应用原理

Unit Ⅰ The Principle of Solar Photothermal Application

一、太阳能光热转换原理

Ⅰ. The Principle of Solar Photothermal Conversion

光热转换是指通过反射、吸收或其他方式把太阳辐射能集中起来，转换成足够高温度热能的过程。太阳光由不同波长的可见光和不可见光组成，不同物质和不同颜色对不同波长的光的吸收和反射能力是不一样的。太阳主要以电磁辐射的形式给地球带来光与热。太阳辐射波长主要分布在 0.25 μm～2.5 μm 范围内。

从光热效应来讲，太阳光谱中的红外波段直接产生热效应，而绝大部分光不能直接产生热量。我们在强烈的阳光下感觉到温暖或炎热，主要是衣服和皮肤吸收太阳光线，从而产生光热转换的缘故。从物理角度来讲，黑色几乎能将光线全部吸收，吸收的光能即转化为热能。因此为了最大限度地实现太阳能的光热转换，似乎用黑色的涂层材料就可满足了，但实际情况并非如此，因为材料本身还有一个热辐射问题。从量子物理的理论可知，黑体辐射的波长范围在 2 μm～100 μm 之间，黑体辐射的强度分布只与温度和波长有关，辐射强度的峰值对应的波长在 10 μm 附近。

由此可见，太阳光谱的波长分布范围基本上与热辐射不重叠，因此要实现最佳的太阳能光热转换，所采用的材料必须满足以下两个条件：

(1) 在太阳光谱内吸收光线程度高，即有尽量高的吸收率；

(2) 在热辐射波长范围内有尽可能低的辐射损失，即有尽可能低的发射率。

二、太阳能光热热能储存

Ⅱ. Solar Photothermal Energy Storage

由于太阳能资源不稳定，通过太阳能光热转换制得的热能需要先进行储存，再进行利用。一般而言，理想的太阳能热能储存系统具有蓄热容量大、蓄热时间长、温度波动范围小以及热损耗小等优点。作为热储存系统的核心，蓄热材料的性质直接关系到整个系统性能的好坏。蓄热材料的本质在于它可将热能在特定的条件下储存起来，并能在特定的条件下将热能释放和利用。正是这一本质，决定了蓄热材料必须具有可逆性好、储能密度高、可操作性强等特点。太阳能光热热能储存以水箱为主，如图 6.1 所示。蓄热水箱是一种既可蓄热又可蓄冷的装置。在加热、空调和其他应用场合，蓄热水箱得到了广泛应用。理想的储水容器要求外表面热传导、对流及辐射的热损失小，一定体积下要求容器的表面积最小，因此水箱往往做成球形或圆柱形。

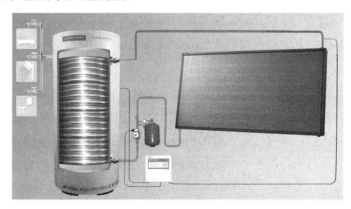

图 6.1　太阳能光热储热水箱

1. 太阳能热能储存分类

一般太阳能光热热能储存系统可按照热储存时间长短、蓄热温度高低及蓄热能量密度大小进行分类。

1) 按照热储存时间长短分

按照热储存时间长短太阳能热能储存可分为随时储存、短期储存和长期储存。

(1) 随时储存。随时储存是以小时或者更短的时间为周期，其主要目的是随时调整热能供需之间的不平衡。例如，热电站中的蒸汽储热器，依靠蒸汽凝结或水的蒸发来随时蓄热和放热，使热能供需之间随时维持平衡。

(2) 短期储存。短期储存是以天或者周为蓄热周期，其目的是为了维持一天(或一周)的热能供需平衡。例如，太阳能采暖。太阳能集热器只能在白天吸收太阳的辐射能，因此集热器在白天收集到的热能除了满足白天供暖的需求外，水箱还应该储存部分热能，供夜晚或者阴雨天气使用。

(3) 长期储存。长期储存是以季节或年为储存周期，其目的是为了调节季度(或年)的热能供需关系。例如，把夏季的太阳能或工业余热长期储存下来供冬季使用，或者在冬季储存天然冰供来年的夏季使用。

2) 按照蓄热温度高低分

按照蓄热温度高低太阳能热能储存可分为低温蓄热、中温蓄热和高温蓄热。

(1) 低温蓄热。低温蓄热指蓄热温度低于 100℃，多用于建筑物的采暖、提供生活用或低温工农业生产用的热水或干燥。适用于低温蓄热的介质材料有水、岩石、水合无机盐和石蜡等。

(2) 中温蓄热。中温蓄热指蓄热温度介于 100℃～500℃之间，多用于吸收式制冷系统、蒸馏器、小功率水泵或小规模太阳能发电站等。常用有机流体作为蓄热材料，也可利用岩石作为蓄热材料。如仍用水作为蓄热材料，则需高压环境，这需要蓄热器有一定的耐压性，成本也会显著提高。

(3) 高温蓄热。高温蓄热指蓄热温度在 500℃以上，多用于聚焦型太阳灶、蒸汽锅炉或大装机容量汽轮机的太阳能发电系统。常用的蓄热介质材料一般为岩石或金属熔盐，以及氧化铝等金属氧化物制成的耐火砖或液态金属等。

3) 按照蓄热能量密度大小分

按照蓄热能量密度大小太阳能热能储存可分为低能量密度蓄热和高能量密度蓄热。

(1) 低能量密度蓄热。低能量密度蓄热采用储能密度较低的材料，比如砖或岩石等。当采用这类蓄热介质时，需要使用大量的材料，导致蓄热系统的质量和体积都比较大。一般太阳能光热空气系统采用鹅卵石床进行蓄热。这类材料拥有较低的价格，适用于不需要严格限制蓄热系统的质量和体积，以及低成本的情况。

(2) 高能量密度蓄热。高能量密度蓄热采用储能密度较高的材料，比如水合无机盐、有机盐和金属熔盐等。另外，水和铸铁也都具有较大的储能密度。不过，虽然部分材料的储能密度较高，但其价格昂贵。因此，除了特殊需要外，这类介质材料的使用很受限。

2. 太阳能热能储存方式

太阳能的热能储存方式主要有两大类，一类是太阳能热能直接储存，另一类是把太阳能先转变成其他能量，如电能、化学能、动能以及生物能等形式之后再储存。其中，第一类热能直接储存包括显热储热和相变储热。

1) 显热储热

显热储热方式是由太阳能直接加热蓄热材料，使其温度升高而蓄热，所以也叫"热容式"蓄热。该类材料蓄热密度较低，蓄热系统容器体积较为庞大。显热储热是利用蓄热材料的热容量，通过升高或降低材料的温度而实现热能的存储或释放的过程。显热储热的热能和蓄热材料的比热容、物体温度及质量有关。由此可见，增加显热储热蓄热量的途径，包括提高蓄热材料的比热容、质量以及增大蓄热温度差。在实际应用中，通常把比热容和密度的乘积(即容积比热容)作为评定蓄热材料性能的重要参数；黏度大的液体材料输送需要耗费能量，也需要大尺寸的系统管线，因而增大了系统的设备投资和运行成本；毒性、腐蚀性和热稳定性则直接影响到系统的寿命和安全性，在选择蓄热材料时也要重点考虑。

在选择显热储热材料时，应考虑：

(1) 蓄热密度大。材料单位质量或单位体积的蓄热量大。

(2) 成本低。要求材料来源丰富，价格低廉。在显热储存中，一般多采用水和岩石为蓄热材料；而在相变储热中，多采用水合无机盐和石蜡等有机盐。

(3) 化学性质稳定。

(4) 温度适宜。

(5) 能反复方便地使用。

利用液体进行显热储热，是各种显热储热方法中理论技术最成熟、应用最广泛的一种。通常液体蓄热材料除了要求具有较大比热容外，还要具有较高的沸点和较低的蒸汽压。作为最常见的液体材料，水是低温液态显热储热材料中性能最好且最常用的一种。其优缺点如表 6.1 所示。

表 6.1　水作为蓄热材料的特点

优　点	缺　点
·传热及流动性好，黏性、密度、热传导性和热膨胀系数适宜于自然循环和强制循环； ·可以兼作蓄热材料和传热材料，在蓄热系统中可以省去热交换器，降低了系统成本； ·物理、化学和热力学性质都很稳定； ·来源丰富，价格低廉	·作为一种电解腐蚀性物质，电解时产生的氧气容易腐蚀容器和管道的金属部件； ·低温结冰时体积膨胀较大(达 10% 左右)，容易破坏容器和管道； ·水蒸气压力会随着绝对温度的升高而呈指数增加，不适宜用作高温蓄热材料。所以，用水蓄热时，温度和压力都不能超过其临界点(373℃，2.2×10^7 Pa)

由于水作为储热介质有上述一些缺点，因此需采用成本比较高的不锈钢等材质来制作蓄热水箱。在太阳能空气集热工程中，多采用固体显热储热材料，所用的材料大多是岩石、砂石和土壤。这类材料在中、高温下不产生相变，虽然比热容比水低但是密度比水高，所以其容积比大约是水的 40%。同时岩石、砂石等固体材料比较丰富，不会产生锈蚀，所以利用固体材料进行显热储热，不仅成本低廉，也比较方便。固体显热储热主要有岩石床蓄热和地下土壤蓄热两种方式。

2) 相变储热

相变储热方式是由太阳能光热工质通过加热蓄热材料到相变温度时吸收大量相变热而蓄热，所以也叫"潜热式"蓄热。这类材料单位蓄热密度大，在相变储热过程中，材料近似恒温。具体地说，物质有固、液、气三相，相变储热是利用相变蓄热材料(Phase Change Material，PCM)在特定温度(相变温度)下发生物相变化，材料的分子在有序和无序之间迅速转变，同时伴随着吸收或者释放热能的现象来储存或放出热能。但是常规相变材料存在的诸如过冷和相分离现象，以及相变储热较高的使用成本严重制约了相变储热技术的实际应用。

利用相变储热具有蓄热量大的优点，可以设计出温度变化小、热容量高、设备体积和重量都较小的蓄热系统。通常适合太阳能蓄热系统的相变过程为固-液相变。

在选择相变储热材料时，应择优选择有如下特点的材料。

(1) 具有较大的溶解潜热，在固态和液态中都具有较大的比热容和热导率；

(2) 相变时体积变化很小，且无论处于何态都能与容器壁之间接触良好；

(3) 化学性质稳定，可逆性好，无毒、无腐蚀性，不易燃；

(4) 没有或只有微小的过冷和过热现象；

(5) 来源丰富，价格低廉。

相变材料虽然储能密度高，温度波动幅度小，但是输送上存在困难。因为当系统工作在材料的熔点附近时，往往固、液两相共存。为了保证相变材料的凝固速率(也就是放热速率)与取热速率协调一致，需要对热交换器进行特殊设计。并且，由于相变材料会发生过冷现象、晶液分离现象，以及添加的成核剂、增稠剂在经过多次热力循环后可能受到破坏，因此会导致储热效率降低。

在进行太阳能储能方式选择及蓄热器设计时，需要考虑以下几点：

(1) 单位体积或单位重量的蓄热容量；

(2) 蓄热器工作温度范围，即热量输入和输出系统的温度范围；

(3) 热量输入和输出蓄热器的方法和与此相关的温度差；

(4) 热量输入和输出蓄热器的动力要求；

(5) 蓄热器的结构、容积和内部温度的分布情况；

(6) 减小系统热损耗和使用成本的方法。

单元二　太阳能光热发电系统

Unit Ⅱ　The System of Solar Photothermal Power Generation

作为太阳能源利用的主要方向，光伏发电与光热发电一直相伴而行，尽管后者的商业化利用试验甚至还要早于前者，但因历史的机缘巧合，光热发电事实上滞后了。

　　早在 1950 年代，前苏联就设计建造了世界上第一座小型的塔式太阳能热发电试验电站。在 20 世纪 70 年代至 80 年代末，由于石油危机的影响，替代能源技术在全球兴起，其中太阳能源应用成为主要方向。但由于光伏电池价格昂贵且光电转换效率较低，因此多数工业发达国家都将太阳光热发电作为了发展重点，并投资兴建了一批试验性电站。据不完全统计，当时全世界建造的 500 kW 以上的太阳能光热发电站约有 20 余座，发电功率最大达到了 80 MW。但随着石油危机结束，光热发电技术不够成熟以及成本太高的问题得以凸显，其商业化应用试验因此停滞。

太阳能光热发电
系统组成

　　近几年来，太阳能光热发电再次成为国际可再生能源领域的投资热点。相关数据显示，全球新增清洁能源投资流向大型太阳能光热发电领域的趋势正日益明显，项目建设规模也越来越大。

　　太阳能光热发电被认为是发电稳定、对电网冲击小并可实现规模发电的绿色能源应用技术，具有很好的发展前景。如何提高太阳能光热发电效率，降低发电成本是目前太阳能光热发电研究的焦点。

　　太阳能光热发电利用大规模阵列抛物或碟形镜面收集太阳热能，通过换热装置提供蒸汽，结合传统汽轮发电机的工艺，从而达到发电的目的。采用太阳能光热发电技术，避免了昂贵的硅晶光电转换工艺，可以大大降低太阳能发电的成本。而且，这种形式的太阳能应用方式还有一个其他形式的太阳能转换所无法比拟的优势，即太阳能所烧热的水可以储存在巨大的容器中，以便在太阳落山后的几个小时仍然能够带动汽轮发电。

　　太阳能光热发电的主要形式有槽式、塔式、碟式(盘式)和菲涅尔式四种。光热发电最大的优势在于电力输出平稳，可做基础电力、可做调峰；另外，其成熟可靠的储能(储热)配置可以在夜间持续发电。

一、槽式太阳能光热发电

Ⅰ. Parabolic Solar Photothermal Power Generation

槽式太阳能光热发电
系统工作流程

　　槽式太阳能热发电是利用槽式聚光镜将太阳光聚在一条线上，在这条线上安装一个管状集热器，用来吸收太阳能，并对传热工质进行加热，再借助蒸汽的动力循环来发电。槽式聚光器的抛物面对太阳进行的是一维跟踪，聚光比为 10～100。20 世纪 80 年代中期槽式太阳能光热发电技术就已经发展起来了，目前美国加利福尼亚州已经安装了 354 MW 的槽式聚光热发电站，其工作介质是导热油，换热器可以使导热油产生接近 400℃ 的过热蒸汽来驱动汽轮机发电。

　　如图 6.2(a)、(b)所示为槽式太阳能光热发电系统及其系统工作原理。槽式太阳能光热发电系统主要包括集热系统、储热系统、换热系统及发电系统。其中，换热系统及发电系统技术较成熟，应用普遍，在我国槽式太阳能光热发电系统技术的发展中不存在任何障碍，而影响我国槽式太阳能光热发电技术发展的主要是集热系统及储热系统。

(a) 槽式太阳能光热发电系统

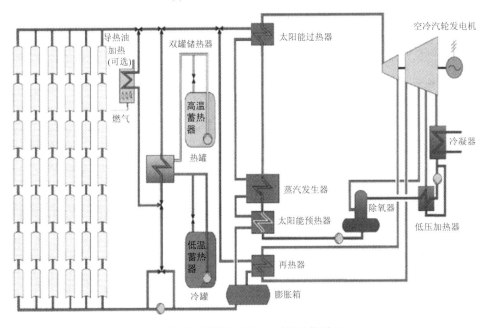

(b) 槽式太阳能光热发电系统工作原理

图 6.2 槽式太阳能光热发电系统及其系统工作原理

1. 集热系统

集热系统主要由集热管、集热镜面以及支撑结构等部分组成。

1）集热管

集热管是槽式太阳能光热发电集热系统的一个关键部件，能够将反射镜聚集的太阳直接辐射能转换成热能，温度可达 400℃。目前使用的集热管内层为不锈钢管，外层为玻璃管加两端的金属波纹管。内管涂覆有选择性吸收涂层，以实现聚集太阳直接辐射的吸收率最大且红外波再辐射最小。两端的玻璃-金属封接与金属波纹管实现密封连接，提供高温保护，密封内部空间保持真空。减少气体的对流与传导热损，又加上应用选择性吸收涂层，使真空集热管的辐射热损降到最低。在另一侧，金属波纹管焊接在内部吸热管上。这些具有弹性连接功能的波纹管可以在吸热管升温和冷却过程中补偿内部金属管和外部玻璃管之间的热胀冷缩的差异。聚焦的太阳直接辐射能可以在集热管表面转化为热能，传送至导热介质，并将介质加热至最高温度。外部玻璃管可以作为附加防护，防止红外波长能量向外再辐射，以减少热损玻璃管外部覆盖的减反射涂层，从而使得太阳辐射能量透过玻璃管。

2）集热镜面

槽式太阳能光热发电所用集热镜面材质是采用超白玻璃。在保证一定聚焦精度的同时，还具有良好的抗风、耐酸碱、耐紫外线等性能。镜面由低铁玻璃弯曲制成，刚性、硬度和强度能够经受住野外恶劣环境和极端气候的考验，玻璃背面镀镜后喷涂防护膜，以防止老化。由于铁含量较低，故该种玻璃具有很好的太阳光辐射透过性。

3）支撑结构

支撑结构用于固定槽式抛物面聚光镜，并配合控制系统对集热阵列进行一维跟踪，以获得有效太阳辐射能。支撑结构设计需要经过计算机模拟仿真研究、风洞实验和实际运行，在充分考虑最佳机械、光学和力学性能以及最小成本前提下进行设计。

2. 储热系统

储热系统主要由储热介质和储热罐组成。

1）储热介质

传统的太阳能槽式光热发电系统，是以导热油为储热介质的，整个系统利用抛物线的光学原理，聚集太阳能，然后将太阳能汇集到集热管上，集热管中的导热油会吸收太阳的能量，使导热油在太阳能集热场的流动过程中，温度从290℃逐渐被加热到390℃，然后流出太阳能集热场。被加热后的高温导热油参与换热，从而进行光热发电。

新一代的太阳能槽式光热发电系统，是以熔盐为储热介质的，集热管中的熔盐吸收太阳的能量，会在太阳能集热场的流动过程中，温度从290℃逐渐被加热到550℃，然后流出太阳能集热场。被加热后的高温熔盐流入储热系统中的高温熔盐储罐中并参与换热，从而进行光热发电。

相比而言，新一代技术直接采用熔盐代替了导热油作为热载体，熔盐的价格一般为导热油的1/6左右，这样使整个电厂的造价大大得到了降低。另外，熔盐无爆炸性危险，比导热油作为储热介质降低了整个太阳能光热电厂的防火防爆等级，减少了事故发生率，也减少了电厂管阀件的采购成本。同时，采用熔盐直接进行储存，省去了二次换热，这样减少了换热损耗，也使系统更为简单；采用熔盐后，使系统的运行换热区间由290℃～390℃变化到了290℃～550℃，使换热蒸汽温度从375℃提高到了535℃，使蒸汽轮机的热电转化效率大大提高。

2）储热罐

槽式太阳能光热发电的储热罐就是熔盐罐。在阳光充足的时候熔盐获得热量，温度升高，储存在高温熔盐罐中；当阳光不足的时候，高温熔盐罐中的熔盐提供能量，使电站持续稳定地发电，熔盐温度变低，流入低温熔盐罐中。在储热系统中，熔盐罐是关键设备之一。

关于熔盐储热设施，从设计开始，首先考虑到如何隔热、耐腐蚀与保障安全。熔盐罐被设计出之后，还要加入一个保障热量均匀的系统，并做出包括熔盐罐内的流体分析、高温状态下熔盐罐的应力分析等相关数据。熔盐罐制造时最容易出问题的是焊道，为保证整个熔盐罐的制作与加工过程安全可靠，制造商采用完全自动化、机械化的生产车间。

3. 槽式太阳能光热发电的特点

槽式太阳能光热发电系统使用了大量的抛物面槽式聚光器来收集太阳辐射能，并把光能直接转化为热能，通过换热器使水变成高温高压的蒸汽，并推动汽轮机来发电。因为太阳能是不确定的，所以在传热工质中加了一个常规燃料辅助锅炉，以备应急之用。但是，这样做也存在缺点：虽然这种线性聚焦系统的集光效率由于单轴跟踪有所提高，但很难实现双轴跟踪，致使余弦效应对光的损失每年平均达到 30%；槽式太阳能光热发电系统结构庞大，在我国多风、高风沙区域难以立足；由于线型吸热器的表面全部裸露在受光空间中无法进行绝热处理，因此尽管设计了真空层以减少对流带来的损失，但是其辐射损失仍然随温度的升高而增加。

4. 槽式太阳能光热发电的应用

世界范围来看，从美国到欧洲，都将太阳能光热发电作为未来替代能源的关键候选之一。根据美国加州的计划，到 2030 年，新能源发电容量中太阳能光热发电与光伏发电的比例将达到 4∶1，而在太阳能光热发电中，槽式技术又占相当高的份额。2011 年中国国家发展和改革委发布的《产业结构调整指导目录(2011 年本)》第五项新能源中，把太阳能光热发电集热系统放在了突出的位置。

槽式太阳能光热发电推广应用需要良好的光照资源、开阔的土地资源、良好的交通与电网条件。在中国，几乎没有任何商业投资价值的内蒙古、甘肃等沙漠地带的土地，却为太阳能光热发电的推行提供了很好的发展空间，这些地区具有良好的太阳能辐射资源以及土地、电网交通条件。所以太阳能光热发电在中国是较具有发展前景的一种有效利用太阳能的方式。尽管太阳能光热发电在中国刚刚起步，发展也落后国外十几年，但可以预见，太阳能光热发电的发展前途大好。

二、塔式太阳能光热发电

Ⅱ. Tower Solar Photothermal Power Generation

1. 塔式太阳能光热发电工作原理

塔式太阳能光热发电是应用塔式系统来进行聚光的。塔式系统又称集中式系统，如图 6.3 所示。它是在很大面积的场地上装有许多台大型太阳能反射镜，通常称为定日镜，每台都各自配有跟踪机构，从而准确地将太阳光反射集中到一个高塔顶部的接收器上。接收器上的聚光倍率可超过 1000。在这里把吸收的太阳光能转化成热能，再将热能传给工质，经过蓄热环节，再输入热动力机，膨胀做工，带动发电机，最后以电能的形式输出。塔式太阳能光热发电系统主要由聚光子系统、集热子系统、蓄热子系统、发电子系统等部分组成。

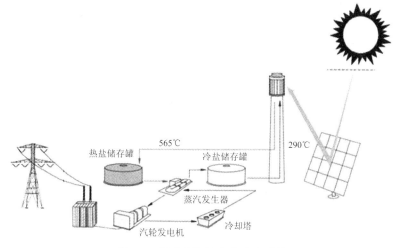

图 6.3　塔式太阳能光热发电系统

塔式太阳能光热发电系统的关键技术有如下 3 个方面。

(1) 反射镜及其自动跟踪。由于这一发电方式要求高温、高压，因此对于太阳光的聚焦必须有较大的聚光比，需用千百面反射镜，并要有合理的布局，使其反射光都能集中到较小的集热器窗口。反射镜的反光率应在 80%～90% 以上，自动跟踪太阳要同步。

(2) 接收器。接收器也叫太阳能锅炉。要求体积小，换热效率高。接收器有垂直空腔型、水平空腔型和外部受光型等类型。

(3) 蓄热装置。应选用传热和蓄热性能好的材料作为蓄热工质。选用水汽系统有很多优点，有大量的工业设计和运行经验，附属设备也已商品化。对于高温的大容量系统来说，可选用钠做传输工质，它具有优良的导热性能，可在 3000 kW 的热流密度下工作。

塔式太阳能光热发电系统根据所用集热塔的多少分为单塔式聚光系统和多塔式聚光系统。其中单塔式聚光系统的规模受到塔高以及定日镜跟踪精度的限制，电站的规模不能无限大。为了实现更大规模的塔式太阳能发电，多塔式太阳聚光阵列结构应运而生。多塔式镜场聚光阵列由定日镜场和多个装有吸热器的塔组成，各塔之间距离较近以至于不同塔的定日镜场部分重叠，传热工质通过吸热器加热到高温以后汇聚起来，实现规模化发电。随着太阳的运动，定日镜场一些区域的光学效率不断变化，为了获得最大的镜场光学效率，可有选择地控制定日镜场的一些区域，将太阳辐射投射到不同塔上的吸热器上，可以有效地减少入射余弦损失和定日镜间的阴影挡光损失，并提高土地使用率。

2. 塔式太阳能光热发电应用

1982 年 4 月，美国在加州南部巴斯托附近的沙漠地区建成一座称为"太阳 1 号"的塔式太阳能光热发电系统。该系统的反射镜阵列，由 1818 面反射镜环及接收器(高达 85.5 米的高塔)排列组成。之后，"太阳 2 号"系统建成，并于 1996 年并网发电。

中国玉门鑫能 50 MW 熔盐塔式太阳能光热发电示范项目的电站外观如图 6.4 所示。该项目是国家首批太阳能光热发电示范项目之一，采用二次反射(beam-down)技术路线，建设了 15 个集热模块，配置 9 小时熔盐储能系统。

图 6.4　塔式太阳能光热发电示范项目

三、碟式斯特林太阳能光热发电

III. Dish Stirling Solar Photothermal Power Generation

1. 碟式斯特林太阳能光热发电工作原理

碟式斯特林太阳能光热发电系统如图 6.5 所示，主要由斯特林发动机、接收器、聚光碟和控制系统等组成。工作时，碟式太阳能光热发电系统将太阳光的能量用碟式抛物面聚光镜收集起来，并将其反射到聚光镜的焦点处，聚得集中、高温、高热流密度的热量，驱动安放在聚光镜焦点附近的太阳能斯特林发动机，从而带动发电机进行发电。通常聚光碟系统的聚光比可以达到 2000 以上，加热器表面工作温度维持在 600℃～750℃之间，系统峰值光-电转化效率可达到 25% 以上。碟式斯特林太阳能光热发电技术作为一种新型的发电技术，具有效率高、占地少、适于模块化组合、产业链污染小等优势，具有广阔的发展前景，市场潜力巨大。

图 6.5　碟式太阳能光热发电系统

2．碟式斯特林太阳能光热发电的特点

碟式斯特林太阳能光热发电的特点为：

- 聚光性能：聚光比高达 1500 倍以上；
- 发电效率：光电转化率高达 26%～30%；
- 系统构成：简单，易于布置；
- 分布灵活：可集中并网，也可建立分布式电站；
- 项目用地：占地面积小，场地适应性强；
- 水的消耗：光电直接转换，无需水源，可建在缺水的沙漠地区；
- 环境影响：节能环保，无污染，无噪声；
- 运营维护：可靠、易维护，15～20 年以上全寿命运行，无功率衰减；运营成本低，发展潜力大。

3．碟式斯特林太阳能光热发电的应用

斯特林发动机是一种外燃(或外部加热)封闭循环活塞式发动机，需要其外燃温度(或外部加热工质)高于闭式循环中的工质温度。近年来，中国、美国、日本、德国等对斯特林发动机进行了研究，部分国家已具备生产能力，如西班牙的 Eurodish 和德国 SOLO 公司。碟式聚光系统的聚光率比较高，可单独供电，也可多台并网发电，无需用水，适合在沙漠地区使用。由于聚光镜、驱动装置以及斯特林发动机等关键元件的制造成本较高，导致碟式聚光系统的投资成本较高，为了实现商业化，还需进一步降低碟式聚光发电的成本。

2012 年 7 月，大连宏海公司与瑞典 Cleanergy 合作完成的 100 kW 碟式太阳能光热发电示范电厂在鄂尔多斯成功安装。2012 年 9 月，项目方宣布该电站正式投运。该电厂位于鄂尔多斯市乌审旗，占地面积约 5000 平方米，共由 10 个 10 kW 碟式斯特林太阳能光热发电系统组成，预计年发电量为 20 万 kWh～25 万 kWh。鄂尔多斯是中国太阳能资源较为丰富的地区，年日照约为 3200 小时，比较适宜建造太阳能电站。这是中国第一个真正意义上的碟式斯特林太阳能光热发电站，此示范工程的投运将有力推动我国碟式太阳能光热发电的产业化进程。

四、菲涅尔式太阳能光热发电

Ⅳ. Fresnel Solar Photothermal Power Generation

目前菲涅尔式光热发电主要还是处在示范阶段，未达到成熟的商业化应用，但随着科技水平的不断进步，菲涅尔式光热发电的成本会逐渐降低，会不断向商业化发展。

菲涅尔式光热发电的工作原理类似槽式光热发电，只是采用菲涅尔结构的聚光镜来替代抛面镜。由于此类系统聚光倍数只有数十倍，因此加热的水蒸气质量不高，使整个系统的年发电效率仅能达到 10%左右，但系统结构简单，可直接使用导热介质产生蒸汽，其建设和维护成本也相对较低。

菲涅尔聚光系统的主聚光镜由一系列可绕水平轴旋转的条形平面反射镜组成，可跟踪太阳，并将阳光会聚于镜场上方的真空型吸热管上。部分聚光系统为了提高聚光比，在吸热管的上方会增加次聚光镜，进行二次聚光。次聚光镜的面形为二维复合抛物面，二维复合抛物面是一种理想的非成像聚光器，聚光性能可达到最优。菲涅尔式聚光系统采用一次或二次聚光方式，光学结构比较复杂，需要设计的参数包括条形反射镜的尺寸及间距、主聚光镜场的口径及边缘角、吸热管的高度、次聚光镜的口径及接收角等，需要在设计中考虑的性能参数包括阴影挡光损失、聚光比、光斑溢出损失以及主、次聚光镜的匹配等。

五、系统对比

Ⅴ. System Comparison

就上述四种形式的太阳能光热发电系统而言，四种系统均可单独使用太阳能运行，但目前只有槽式太阳能光热发电系统实现了商业化，其他三种仍处在示范阶段，有实现商业化的可能和前景。槽式光热发电系统是最成熟的系统，约占建成和在建光热电站总数的80%。塔式太阳能光热发电系统的成熟度目前不如槽式光热发电系统，而配以斯特林发电机的碟式光热发电系统虽然有比较优良的性能指标，但目前主要还是用于边远地区的小型独立供电，大规模应用成熟度则稍逊一筹。应该指出，槽式、塔式、碟式和菲涅尔式太阳能光热发电技术同样受到世界各国的重视，并正在积极开展工作。

单元三　太阳能光热应用前景

Unit Ⅲ　Prospects of Solar Photothermal Applications

一、太阳能光热应用现存问题

Ⅰ. Existing Problems of Solar Photothermal Applications

1. 在集热器方面

我国平板型集热器的技术和质量与国外发达水平存在一定差距，还需要进行一定的研究，才能提高平板集热器的性能和质量，主要研究内容如下：

(1) 研究开发适用于平板太阳能集热器的选择性涂层，涂层应具有高吸收率、低红外发射率、优异的耐热耐湿耐候性能和适宜的加工成本。

(2) 广泛采用高透过率盖板玻璃。选用钢化玻璃作为集热器盖板，提高集热器部件质量，采用优化结构设计，确保集热器可以经受冰雹、淋雨、空晒、耐压、热冲击等性能试验，提高集热器寿命，减少系统维护费用。

（3）重视集热器的优化设计，改善制造工艺，保证结构的严密性，减小集热器的散热损失。

（4）为适应寒冷地区、太阳能采暖和空调以及工业加热等特殊要求，应开发高效平板型集热器。例如，采用双层盖板或透明蜂窝等技术，需将实验室技术产业化，加快产业发展。

2．在太阳能热水系统方面

太阳能热水器在北京等大中城市的推广速度极其缓慢。究其原因，主要是太阳能热水器的安装问题。由于太阳能热水器需要安装在屋顶，而北京等大城市的住宅建筑在设计时未考虑太阳能热水器的管线问题，势必要进行二次施工。要解决这个问题，就要使太阳能热水器作为住宅的必备设施，在设计时将太阳能热水器的管线与暖气管一样埋在墙内，与主体建筑同步完工。

3．在太阳能供暖系统方面

太阳能供暖系统比太阳能热水系统复杂。现阶段，太阳能供热采暖系统的设计大多仍然停留在简单估算水平上，成套的设计方法或软件较少。其设计思路是依据相关规定，首先粗略估计房间热负荷，然后设计系统，最后再对整个采暖系统进行节能及经济性分析。但这种设计方法无法在满足热用户舒适度要求的基础上实现建筑节能最大化。很多安装太阳能供暖系统的建筑为非节能建筑，造成系统运行效率不高，经济性差，增加系统初投资。太阳能供暖系统存在冬夏热量平衡问题。由于系统夏季产生的热水远大于实际消耗量，这使得集热系统不得不采取闷遮挡等方法来减少太阳热，以防造成非采暖季太阳能利用率过低或因系统过热而产生安全隐患等问题。

4．在太阳能光热发电方面

槽式光热发电系统是利用最多的，也是最有发展前景的太阳能光热发电形式。为了进一步开发槽式太阳能光热发电技术，提高其竞争力，可以采取以下措施：一是设计先进的聚光器，结构形式由轴式单元向桁架式单元发展，聚光器单列长度由 100 m 增长为 150 m，这样，一套驱动机构就可以带动更长的聚光器阵列；同时，不断优化聚光镜材料、玻璃厚度等，以最大限度降低整机重量。二是充分考虑方位角和高度角的影响，采用极轴跟踪技术，使聚光集热器阵列由原来的南北向水平放置改为南北向的倾斜轴(倾斜角度与纬度有关)放置，从而更有效地接收太阳辐射能。三是研发高性能的高温真空管接收器。四是开发直接用水作为介质的新型槽式发电技术。利用这一技术，可以取代大量的换热器，进而实现简化系统、提高效率、降低成本的目的。五是加强可靠性研究，综合考虑温度、压力、密封等相关因素，改进高温真空接收器在聚光器阵列两端与布置在地面上不动的导热油管路之间存在的密封连接问题。

二、太阳能光热应用前景

Ⅱ．Prospects of Solar Photothermal Applications

1．对于集热器

陶瓷太阳能集热器现今得到了重视与发展。陶瓷太阳能集热器主要由陶瓷太阳能板、透明盖板、保温层和外壳等几部分组成。用陶瓷太阳能集热器组成的热水器即陶瓷太阳能热水器。当陶瓷太阳能集热器工作时，太阳辐射穿过透明盖板后，投射在陶瓷太阳能板上，被陶瓷太阳能板吸收并转化成热能，然后传递给吸热板内的传热工质，使传热工质的温度升高，作为集热器的有用能量输出。陶瓷太阳能板是以普通陶瓷为基体，立体网状钒钛黑瓷为表面层的中空薄壁扁盒式太阳能集热体。其整体为瓷质材料，不透水、不渗水、强度高、刚性好，不腐蚀、不老化、不褪色，无毒、无害、无放射性，阳光吸收率不会衰减，具有长期较高的光热转换效率。

2. 对于太阳能光热应用系统

建筑节能技术和标准的大力推行，使太阳能与建筑一体化得到了实现。近年来，我国住房和城乡建设部批准了《夏热冬冷地区居住建筑节能设计标准》、《严寒和寒冷地区居住建筑节能设计标准》等行业标准。为了达到节能标准，越来越多的建筑采用保温性能高的保温材料，并采用被动式太阳房、主动式太阳能系统等，以降低建筑能耗，提高供暖及空调效果。

在全球可再生能源蓬勃发展的当下，随着光伏和风电装机容量不断提升、发电成本不断下降，以及蓄电池价格的持续削减，为了保持光热发电竞争力，充分发挥其储能和调峰优势，光热开发商们开始日益注重电站的性能改善、标准化以及规模以降低发电成本。国际可再生能源署(IRENA)预测，至 2025 年，槽式光热发电技术平准化电力成本(LCOE)将下降至 90 美元/MWh，塔式光热发电技术的成本将下降至 80 美元/MWh。IRENA 还指出，尽管光热发电现在还处于初级发展阶段，当前的发电成本要比化石能源高，但是随着技术不断进步和相关组件成本的不断降低，未来光热发电技术将非常有竞争力，特别是在融资成本较低的情况下。我国太阳能光热行业在政府及行业的支持下，瓦级、千瓦级甚至兆瓦级的太阳能热水系统在宾馆、学校等公共建筑及居住建筑中得到广泛应用。大型太阳能集热系统已在部分工业及企业得到应用，太阳能供热采暖技术逐渐成熟。兆瓦级太阳能光热发电系统已建立在我国中西部，并得到一定的发展。按照 IRENA 预测，中国光热发电市场到 2030 年将达到 29 GW 装机，到 2040 年翻至 88 GW 装机，到 2050 年将达到 118 GW 装机，成为全球继美国、中东、印度、非洲之后的第五大市场。

测 试 题
Test

一、选择题

1. 由太阳能光热工质通过加热蓄热材料到相变温度时吸收的大量相变热而蓄热，这种方式称为(   )。

    A. 显热储热   B. 潜热储热

    C. 不可逆化学反应储热   D. 可逆化学反应储热

2．下列选项不属于光热发电应用的是(　　)。

  A．槽式太阳能光热发电系统　 B．塔式太阳能光热发电系统

  C．碟式太阳能光热发电系统　 D．太阳灶

3．聚光型太阳能集热器是利用(　　)来收集太阳的直射辐射能量的。

  A．平面反射镜　 B．球面反射镜

  C．抛物面反射镜　 D．凸面反射镜

二、填空题

1．槽式太阳能光热发电系统的集热系统包括_____、_____和_____等。

2．太阳能的热能储存包括_____和_____。

3．太阳能光热发电系统的基本类型有_____、_____、_____、_____。

三、判断题

1．固体显热储存一般用空气作为传热介质，且储热和取热时气流方向相同。（　　）

2．槽式太阳能光热发电系统通常采用熔盐储热。（　　）

3．就几种形式的太阳能光热发电系统而言，塔式光热发电系统是最成熟的。（　　）

四、简答题

1．太阳能光热转换原理是什么？

2．按能量转化方式分，储热系统的分类有哪些？

3．太阳能光热发电系统的种类有哪些？

4．太阳能光热能源储存按照蓄热温度高低可以分为几类？

5．简述太阳能光热应用的发展前景。

模块七　光伏小组件生产实训

Module Ⅶ　The Training of Photovoltaic Panel Part Production

实训一　电池片的电性能测试和分选

Project Ⅰ　Electrical Performance Test and Sorting of Cells

电池片分选工艺

一、实训目的

(1) 掌握电池片分选仪的使用方法。

(2) 能够读懂分选仪的测试数据。

(3) 能够采用测试仪对电池片的转换效率和功率进行分选测试。

二、实训材料和仪器

(1) 电池片。

(2) 电池片分选仪。

(3) 其他耗材：手指套。

三、工作准备

(1) 穿好工作衣、工作鞋，戴好工作帽和手指套。

(2) 清洁工作台面，清理工作区域地面，做好工艺卫生，工具摆放整齐有序。

四、理论知识点

太阳能电池片分选仪是专门用于太阳能单晶硅和多晶硅电池片分选筛选的设备。它通过模拟太阳光谱光源，对电池片的相关电参数进行测量，根据测量结果将电池片进行分类。常用的分选仪都具有专门的校正装置，对输入补偿参数，进行自动/手动温度补偿和光强度补偿，并具备自动测温与温度修正功能。分选仪的操作界面是基于 Windows 系统的，测试软件比较人性化，能记录并显示测试曲线(I–V 曲线、P–V 曲线)和测试参数(V_{oc}、I_{sc}、P_m、I_m、V_m、FF、EFF)，每片测试的序列号自动生成并保存到指定文件夹。

五、工艺要求

将功率相同的电池片归为一档，禁止功率不同的太阳能电池片混合放置。

六、操作步骤

(1) 人工筛选：检查电池片有无缺口、崩边、划痕、花斑、栅线印反以及表面氧化情况等。将分选合格的电池片，根据目测按颜色进行分类分组。

(2) 将测试仪打开，打开操作面板"电源"开关，设定软件参数。

(3) 将要测试的电池单片放到测试台上进行分选测试。将待测电池片有栅线一面向上，放置在测试台铜板上，调节铜电极位置，使之恰好压在电池片的主栅极上，保证电极接触完好，踩下脚阀测试，根据测得的电流值进行分档筛选。

(4) 将分选出来的电池片按照测试的数值分为合格与不合格两类，并放在相应的盒子里标示清楚。

(5) 作业完毕，按操作规程关闭仪器。

七、注意事项

(1) 分选电池片要轻拿轻放，降低损耗。分类和摆放时要按规定放在指定的泡沫盒或区域内。

(2) 测试过程中操作工必须戴上手指套，禁止不戴手指套进行测试分选。

八、实训结果

记录实训数据，填写表 7.1，并完成实训报告。

表 7.1　电池片分选记录表

序号	标称功率和转换效率	测后功率和转换效率	误差和结论	备注
1				
2				
3				
4				
5				
总计	测片数量/片：	损坏数量/片：	测后良片数量/片：	
存在的问题及改进建议：				
设备使用情况：				
			实训学生签字：	
			指导教师签字：	

实训二　激光划片

Project Ⅱ　Laser Scribing

激光划片工艺

一、实训目的

(1) 掌握激光划片机的使用方法。

(2) 了解激光划片程序的编写方法。

(3) 掌握激光划片机划片的方法。

二、实训材料和仪器

(1) 激光划片机。

(2) 电池片。

(3) 其他耗材：手指套、直尺等。

三、工作准备

(1) 工作时必须穿工作衣、工作鞋，戴工作帽、手指套。

(2) 清洁工作台面，清理工作区域地面，做好工艺卫生，工具摆放整齐有序。

四、理论知识点

半导体材料的切割与刻划是半导体行业的关键工序之一。太阳能电池主要采用金刚石切割设备和激光划片机切割。由于激光划片机的切割效率更高，现在许多工厂都采用激光划片机来切割太阳能电池，以满足制作小型太阳能电池组件的需要。

激光划片机一般由激光晶体、电源系统、冷却系统、光学扫描系统、聚焦系统、真空泵、控制系统、工作台、计算机等组成。控制台上有电源、真空泵、冷却水开关按钮及电流调节按钮等；工作台面上布有气孔，气孔与真空泵相连，打开真空泵后太阳能电池就被吸附在控制台上，切割过程中不易移动。切割时将电池放在工作台上，打开计算机，设计切割路线，按下确定键后，激光光斑开始移动，在控制台上调节适当的工作电流进行切割。

激光具有高亮度、高方向性、高单色性和高相干性的特点。激光束通过聚焦后，在焦点处产生数千摄氏度甚至上万摄氏度的高温，使其能加工几乎所有的材料。激光划片是把激光束聚焦在电池片的表面，形成很高的功率密度，使硅片形成沟槽，在沟槽处形成集中应力，便很容易沿沟槽整齐断开。激光划片为非接触加工，划片效应是通过表层的物质蒸发而透出深层物质，或是通过光能作用导致物质的化学键断裂而划出痕迹。因此，用激光对太阳能电池硅片进行划片，能较好地防止损伤和污染硅片，从而可以提高硅片的利用率，提高产品的成品率。

太阳能电池每片工作电压为 0.4 V～0.45 V 左右(开路电压约 0.6 V)，将一片切成两片后，每片电压不变，而太阳能电池的功率与电池板的面积成正比(同样转化效率下)。根据组件所需电压及功率,可以计算出所需电池片的面积及电池片片数。由于单体电池(未切割前)尺寸一定(有几种标准),面积通常不能满足组件需要,因此,在焊接前,一般有激光切片这套工序。切割前,应设计好切割路线,画好草图,要尽量利用切割剩余的电池片,提高电池片利用率。

切割过程主要步骤是:先打开激光切割机及与之相配的计算机,将要切割的太阳能电池片放在切割台上,并摆好位置,打开计算机中的切割程序,根据设计路线输入 XY 轴方向的行进距离(坐标改变的数值,如第一步是沿 X 轴正方向前进 150 mm,则就在这一步中选择 X 轴,输入 150),预览确定路线后,调节电流进行切割。

五、工艺要求

(1) 切断面不得有锯齿现象。

(2) 激光切割深度目测为电池片厚度的 2/3,电池片尺寸公差不大于±0.02 mm。

(3) 每次作业必须更换指套,保持电池片干净,不得裸手触及电池片。

六、操作步骤

(1) 按激光划片机操作规程开启激光划片机。

(2) 设计并完成激光划片程序。

(3) 将需切割的电池片蓝色面向下、灰色面(背面)朝上,轻轻放置在运行台面上,电池片边沿紧靠定位尺,电池片背面栅线与 Y 轴平行放置。

(4) 用鼠标点击"运行"键,开始切割。使激光划片机处于工作状态,调节激光器上微动旋钮,使激光的焦点上下移动,当激光打在芯片上散发的火花绝大部分向上窜并听到清脆的切割声音时即焦距调好。切割完毕,激光头应自动回到起始点。

(5) 用右手将切割完毕的电池片轻轻移到工作台边缘,然后用左手接住电池片,放在操作台上。

(6) 将切割好的电池片拿起,灰色面朝上,拇指和食指捏住电池片的边缘,拇指在上,食指在下,沿激光切割路径,两手同时用力掰片,向下将电池片分成单片。

七、注意事项

(1) 切片时,切痕深度一般要控制在电池片厚度的二分之一到三分之二之间,这主要通过调节激光划片机的工作电流来控制。如果工作电流太大,功率输出大,激光束强,则可以将电池片直接划断,但容易造成电池正负极短路。反之,当工作电流太小,划痕深度不够,在沿着划痕用手将电池片掰断时,容易将电池片弄碎。

(2) 太阳能电池片价格较贵,为减少电池片在切割中的损耗,在正式切割前,应先用与待切电池片型号相同的碎电池片做试验,测试出该类电池片切割时激光划片机合适的工作电流,这样正常样品的切割中划片机按照该电流工作,可以减少由于工作电流太大或太小而造成的损耗。

(3) 激光划片机激光束行进路线是通过计算机设置 XY 坐标来确定的,设置坐标时,一个小数点和坐标轴的差错会使激光束路线完全改变。因此，在电池片切割前，先用小工作电流(使用激光能看清光斑即可)让激光束沿设定的路线走一遍，确认路线正确后，再调大电流进行切片。

(4) 一般来说，激光划片机只能沿 XY 轴方向进行切割，切方形电池片比较方便。当电池片在要求切成三角形等形状时，切割前一定要计算好角度，摆好电池片方位，使需要切割的线路沿 X 或 Y 轴方向。

(5) 在切割不同电池片时，如果两次厚度差别较大，则在调整工作电流的同时，还应注意调整焦距。

(6) 切割电池片时，应打开真空泵，使电池片紧贴工作面板，否则，将切割不均匀。

八、实训结果

记录实训数据，填写表 7.2，完成实训报告。

表 7.2　激光划片操作记录表

序号	划片要求和尺寸	划片完成情况	备注
1			
2			
3			
4			
5			
存在的问题及改进建议：			
设备使用情况：			
实训学生签字：			
指导教师签字：			

实训三　电池片的焊接

Project Ⅲ　Welding of Cells

一、实训目的

(1) 掌握恒温电烙铁的使用方法。

(2) 掌握电池片单焊和串焊的方法与步骤。

电池片焊接工艺

二、实训材料和仪器

(1) 电池单片。

(2) 涂锡焊带、助焊剂。

(3) 规格为 99.5%纯度的无水乙醇。

(4) 恒温电烙铁、恒温焊台。

(5) 定位模具(常用的两种类型的模板是 125 mm^2 和 156 mm^2,串焊模板如图 7.1 所示)。

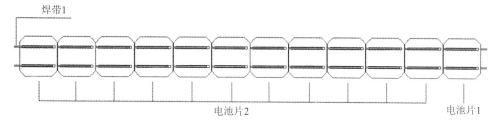

图 7.1　串焊模板示意图

(6) 托板(用于放置已串接好的电池串)。

(7) 镊子。

(8) 手指套。

三、工作准备

(1) 穿好工作衣、工作鞋,戴工作帽和口罩,戴手指套。

(2) 清洁工作台面,清理工作区域地面,做好工艺卫生,工具摆放整齐有序。

(3) 检查辅助工具是否齐备,有无损坏,如不完全或齐备,应及时申领。

(4) 根据所做组件大小,确定选择模板。

(5) 打开电烙铁,检查烙铁是否完好,焊接前用测温仪对电烙铁实际温度进行测量,当测试温度和实际温度差异较大时及时修正。

(6) 将助焊剂倒入玻璃器皿中,将要使用的焊带在助焊剂中浸润后,用镊子将浸润后的焊带取出放在碟内晾干。

四、工艺要求

(1) 焊接平直、光滑、牢固,用手沿 45°左右方向轻提焊带不脱落。

(2) 电池片表面清洁,焊接条要均匀地焊在主栅线内。

(3) 单片完整,无碎裂现象。

(4) 不许在焊接条上有焊锡堆积。

(5) 作业过程中都必须戴好帽子、口罩、指套,禁止用未戴手指套的手接触电池片。

(6) 参数要求:烙铁温度为 350℃～380℃,工作台板温度为 45℃～50℃,烙铁头角度与桌面成 30°～50°夹角。

五、操作步骤

(1) 预热电烙铁。打开电烙铁，检查烙铁是否完好，使用前用测温仪对电烙铁实际温度进行测量，当测试温度和实际温度差异较大时应及时修正，4 个小时检查一次。

(2) 浸润焊带。将少量助焊剂倒入玻璃器皿中备用，将要使用的焊带在助焊剂中浸润后，用镊子将浸润后的焊带取出放在碟内晾干。

(3) 将电池单片正面(蓝色面)朝上，放在恒温焊台的玻璃上。

(4) 单焊操作：左手用镊子上下捏住焊带一端约 1/3～2/3 的长度，平放在单片的主栅线上，焊带的另一端接触到单片上的第一条栅线上(注意焊带与电池片的边缘要保持一定的距离，如图 7.2 所示)。右手拿烙铁，从左至右用力均匀地沿焊带轻轻压焊。焊接中烙铁头的平面应始终紧贴焊带。当烙铁头离开电池时(即将结束)，轻提烙铁头，快速拉离电池片。每条主焊线焊接时间为 3 s～5 s。

尖主栅线从第三条细栅线起焊，如果尖端底部
在第二条细栅线上，则从第二条细栅线起焊

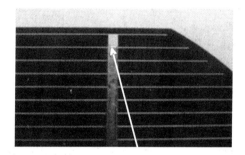
从第二条细栅线起焊

图 7.2　焊接工艺示意图

(5) 串焊操作：将单焊好的电池串放到模板中，电池片正面朝下，电池片露出的焊带与相连电池片的背面栅线接触，串焊焊接电池的背面，将单片的电池片焊接成电池串，焊接方法与单焊相同。

六、注意事项

(1) 烙铁高温，要注意防烫伤，使用时注意不要伤到自己和他人。放置时放在烙铁架上，不允许随意乱放。电烙铁不用时应拔下插座。

(2) 焊接前应检查烙铁头是否有残留的焊锡及其他脏物，如有，则将烙铁头用干净的清洁棉擦拭，去除残余物。

七、实训结果

记录实训数据，填写表 7.3，完成实训报告。

表 7.3　电池片焊接操作记录表

焊接记录	单焊操作记录	串焊操作记录	焊接质量记录
1			
2			
3			
4			
5			
存在的问题及改进建议：			
设备使用情况：			
		实训学生签字：	
		指导教师签字：	

实训四　拼接与层叠

Project Ⅳ　Splicing and Stacking

层叠工艺

一、实训目的

(1) 掌握电池串层叠的顺序。

(2) 了解层叠的工艺要求。

(3) 掌握镜面检测的方法。

二、实训材料和仪器

(1) 镜面检测台。

(2) 恒温电烙铁。

(3) 焊接良好的电池串、钢化玻璃、EVA、TPT、汇流带、助焊剂、焊锡丝。

三、工作准备

(1) 敷设人员必须穿工作服、戴工作帽(头发全部放在帽子里)、戴口罩(口、鼻在里面)、戴手套或指套工作，身体裸露部位不得接触原材料。

(2) 清理工作区地面、工作台面，EVA、TPT 搭放架，玻璃搭放架，排版用模板，存放电池串的 PCB 板。

(3) 检查辅助工具是否齐备、有无损坏等，如不完全或齐备，则及时申领。

(4) 插上电源，检查电烙铁是否完好。使用前用测温仪对电烙铁实际温度进行测量，当测试温度和实际测量温度差异较大时，应及时修正。

四、理论知识点

以钢化玻璃为载体，在 EVA 胶膜上将串接好的电池串用汇流带按照设计图纸要求进行正确连接，拼接成所需电池方阵，并覆盖 EVA 胶膜和 TPT 背板材料完成层叠过程。为了保证层叠过程中拼接电极的正确，通过模拟太阳光源对层叠完成的电池组件进行电性能测试检验。图 7.3 所示为层叠次序示意图。

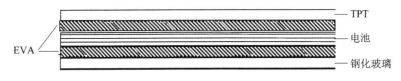

图 7.3   层叠次序示意图

五、工艺要求

(1) 电池串定位准确，串接汇流带平行间距与图纸要求一致(±0.5 mm)。

(2) 汇流带平直无折痕，焊接良好无虚焊、假焊、短路等现象。

(3) 组件内无裂片、隐裂、缺角、印刷不良、极性接反、短路、断路；电池串极性连接正确。

(4) EVA 与 TPT 大于玻璃尺寸，完全覆盖。

(5) EVA 无杂物、变质、变色等现象。

(6) TPT 无褶皱、划伤，TPT 不移位。

(7) 移动或者翻转电池串时，必须借助工具，不可徒手移动。

六、操作步骤

(1) 将清洗好的钢化玻璃抬到层叠工作台上，玻璃的绒面朝上，检查钢化玻璃、EVA、TPT 是否满足生产要求。

(2) 在玻璃上平铺一层 EVA，EVA 在玻璃四边的余量不小于 5 mm，应注意 EVA 的光面朝向钢化玻璃的绒面。

(3) 在 EVA 上放好符合组件板型的一套排版定位模具，电池串分别和头、尾端模板对应。

(4) 按照模板上所标识的正负极符号，将电池串正确摆放在 EVA 上，电池串的正面朝下。

(5) 电池串放置到位后，按照图纸要求及定位模板，用钢板尺对电池片的距离进行测量，调整电池串的位置。

(6) 按照组件拼接图，正确焊接汇流带。

(7) 铺一整张 EVA，将其一端剪一个小口，其绒面朝向电池串，再铺一整张 TPT(注意正反面及开口方向)。

(8) 将汇流带引出线从 EVA 开口处穿过，再穿过 TPT 背板的开口。

(9) 层叠好的电池片需要放到镜面检测台上进行检查，主要观察层叠后的电池板是否有脏东西需要去除，观察电池串是否摆正，适当进行调整。

七、注意事项

(1) 电烙铁高温，使用时注意不要伤到自己和别人，放置时要放在烙铁架上，不允许随意乱放，以免引起火灾或伤及他人或物品。电烙铁不用时应断电。

(2) 覆盖 EVA、TPT 时一定要盖满钢化玻璃。

(3) 拿电池串时每次只能拿一串，要轻拿轻放。

(4) 对于不符合检验要求的要进行返工。

(5) 将操作过程中的处理片和废片分类放置。

八、实训结果

完成拼接与层叠步骤，填写表 7.4，完成实训报告。

表 7.4　拼接与层叠工艺操作记录表

序号	操作环节和项目	数据记录	完成情况
1	拼接前检查情况		
2	拼接情况		
3	层叠前检查情况		
4	层叠情况		
5	镜面检查情况		
6	电性能检测结果		
存在的问题及改进建议：			
设备使用情况：			
			实训学生签字：
			指导教师签字：

实训五　层压

Project Ⅴ　Lamination

层压工艺

一、实训目的

(1) 掌握层压机的使用方法。

(2) 掌握层压的原理和方法。

二、实训材料和仪器

(1) 层叠检验好的电池组件、酒精。

(2) 全自动组件层压机、组件操作台、纤维布(上、下两层)、美工刀。

三、工作准备

(1) 穿好工作衣工作鞋，戴好工作帽和手套。

(2) 清理工作区域地面，做好工作台面卫生，擦拭纤维布和层压机，使其表面干净整洁，工具摆放有条不紊。

四、工艺要求

(1) 组件内单片无碎裂、无明显移位。

(2) 层压作业前，必须让层压机自动运行几次空循环，以清除腔体内残余气体。

(3) 放入铺好的层叠组件后，要迅速进入层压状态。

(4) 开盖后，迅速拿出层压完的组件。

(5) 组件内芯片无垃圾、碎片、裂纹、并片，组件内 $0.5\ mm^2 \sim 1\ mm^2$ 气泡不超过 3 个，$1\ mm^2 \sim 1.5\ mm^2$ 气泡不超过 1 个。

五、操作步骤

(1) 开机：按照实训设备要求依次打开设备电源，打开层压机加热电源，待达到层压温度时，开启真空泵。

(2) 层压：开启上盖(开盖)，铺上一层层压衬垫，将层叠好的组件倒扣放入层压室，再盖上一层层压衬垫，按控制面板上的合盖按钮，合下上盖，选择自动程序，系统启动自动操作。自动操作程序完成时，上盖自动开始打开，揭开层压衬垫，然后从层压机中取出层压后的组件。每次层压完毕必须迅速将组件取出，待冷却后用美工刀修边。

(3) 关机：先关闭加热，让层压室自动冷却，再关闭真空阀，最后关闭空气开关。

六、注意事项

(1) 在操作时严禁将头、手或身体的任何部分伸入危险区。

(2) 操作时，层压机内部温度很高，在拿取组件时要戴好隔热手套，避免被烫伤。

(3) 保持层压机内干净。

(4) 层压前组件放置在层压机内时间应尽量短。

(5) 组件要轻轻放入层压机，保证放入后组件的芯片 TPT、EVA 不能移位。

七、实训结果

记录实训数据，填写表 7.5，完成实训报告。

表 7.5　层压操作记录表

序号	项目	数据记录	备注
1	层压温度		
2	真空时间		
3	层压时间		
4	冷却时间		
存在的问题及改进建议：			
设备使用情况：			
		实训学生签字：	
		指导教师签字：	

实训六　装框和安装接线盒

Project Ⅵ　Frame and Installation of Junction Boxes

一、实训目的

(1) 掌握装框操作的方法和步骤。

(2) 掌握接线盒的正确安装方法。

二、实训材料和仪器

(1) 固化好的电池组件、铝合金边框、酒精、胶枪、自动装框机、抹布、工具台等。

(2) 硅胶、接线盒、电烙铁、镊子、剪刀、美工刀等。

三、工作准备

(1) 穿好工作衣和工作鞋，戴好工作帽和手套。

(2) 清洁工作台面，清理工作区域地面，做好工艺卫生，工具摆放整齐有序。

四、理论知识点

1. 全自动装框机

全自动装框机是太阳能光伏组件加工的专用设备，主要用于铆接式铝合金矩形装框，它适用于多种型材，包括有螺钉与无螺钉铝合金边框的组框。它由气缸、直线导轨及钢结构机架组成，如图 7.4 所示。它可以在组件层压完毕后，把组件固定在铝合金边框内，从而简化了作业难度，节约了时间，提高了产品的质量。组框外形尺寸在设定的范围内通过锁紧齿条定位，任意调整尺寸，并通过调气缸进行精度微调，满足组框尺寸的要求。常用的全自动装框机的技术参数为：

- 电源：220 V。
- 气压：0.6 MPa～0.8 MPa。
- 最大组框尺寸：1150 mm×2100 mm×50 mm。
- 最小组框尺寸：350 mm×600 mm×35 mm。

图 7.4 全自动装框机

2. 手动胶枪的使用

手动胶枪是一种挤压硅胶或玻璃胶的辅助工具。其使用方法为：先用大拇指压住后端扣环，往后拉带弯钩的钢丝，尽量拉到位，再放硅胶头部(带嘴那头)，使前面露出胶嘴部分，最后将整支胶塞进去，放松大拇指部分，再挤压即可。

3. 有机硅橡胶密封剂(简称硅胶)

硅胶用于粘接、密封耐紫外线绝缘玻璃和太阳能电池板。它应贮存在干燥、通风、阴凉的仓库内。光伏组件加工用有机硅橡胶密封剂的质量要求为：

(1) 外观标准。在明亮环境下，将硅胶挤成细条状进行目测，产品应为细腻、均匀膏状物或黏稠液体，无结块、凝胶、气泡。各批之间颜色不应有明显差异。

(2) 挤出性(压流黏度)。在标准试验条件(温度为(23±2)℃，相对湿度为 50±5%。)下放置 4 h 以上，然后用孔径为 3.00 mm 的胶嘴在已调到 0.3 MPa 的气源压力下进行测定，记录挤出 20 g 产品所用的时间(s)，要求数据应不小于 7 s/20 g。

(3) 指干时间。用胶枪使硅胶在实验板上成细条状，立即开始计时，直至用手指轻触胶条不沾手指时，记录硅胶从挤出到不沾手所用的时间，要求所用时间为 10 min～30 min。

(4) 拉伸强度及伸长率。拉伸强度不小于 1.6 MPa，伸长率不小于 300%。

(5) 剪切强度的指标要求。剪切强度不小于 1.3 MPa。

五、工艺要求

(1) 玻璃与铝合金交接处、接线盒底部的硅胶均匀溢出，无可视缝隙。

(2) 凹槽内硅胶量占凹槽总容积的 50%，硅胶与凹槽两内壁都要接触(见图 7.5)。

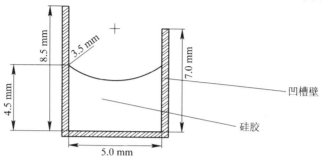

图 7.5 凹槽内硅胶接触凹槽壁示意图

(3) 铝合金边框角缝隙不超过 0.3 mm，正面高低不超过 0.5 mm。

(4) 接线盒位置居中。

(5) 整个装框过程中不得损坏铝合金边框的钝化膜。

(6) 外框安装平整、挺直、无划伤。

(7) 组件内电池片与边框间距相等。

(8) 铝边框与硅胶结合处无可视缝隙，组件与框架连接处必须有硅胶密封。

(9) 接线盒内引线根部必须用硅胶密封，接线盒无破裂、隐裂，配件齐全，线盒底部硅胶厚度为 1.5 mm，接线盒位置准确。

(10) 接线盒与 TPT 之间必须用硅胶密封。

(11) 引线电极必须准确无误地焊在相应位置。

(12) 引线焊接不能虚焊、假焊。

六、操作步骤

(1) 检查凹槽内有无异物，在合格、洁净的铝合金的凹槽内用注胶枪均匀地打上适量的硅胶。硅胶筒喷嘴使用前在适当位置切一个和喷嘴约成 45°角的斜口。打硅胶时使斜口对准凹槽，右手紧握气压枪柄，并向右倾斜约 45°，打胶速度均匀。

(2) 装框前对组件进行外观检查，如有修边不彻底的情况，则用刀修整，把合格的组件背板向上轻轻地放在装框机上。

(3) 装框时先装长边，把一打好胶的长边凹槽对着组件倾斜约 30°，紧靠装框机的侧面靠上，用另一长边凹槽对准组件轻推，使组件装入凹槽，再压短边。将短边角件插入长边，要注意角件必须到位后方可操作换向阀按钮压短边，压到位 2 s～3 s 后松开按钮。取下组件，检查是否到位。

(4) 观察背板和铝合金交接处，在交接处补上适量硅胶，补胶均匀平滑、无漏补，补胶时在背板和铝合金交接处气压枪筒与背板约成 45°角，与交接线成 45°角，斜口向喷嘴运动方向，注意保持背板的清洁。

(5) 将接线盒放于工作台上，背面朝上。用注胶枪将硅胶均匀地打在接线盒的四周，并在接线盒的出线孔周围也均匀地打上一圈硅胶。

(6) 将接线盒固定于组件背板上，汇流带引出端的正中间，位置端正并压紧。

(7) 用金属镊子辅助，将汇流带接入接线孔时，一定要轻轻操作，避免接线盒发生位移。如汇流带过长，则剪掉多余汇流带，以避免发生断路，也不会因为过短而需要补接汇流带。

(8) 将汇流带都插入相应的接线孔后，用金属镊子试着拽动，检验已经接好的汇流带是否牢固，并调整裸露在外的汇流带位置，以避免发生断路。

(9) 接线盒安装完毕后要压紧并用透明胶带加以固定，避免接线盒发生移位。

(10) 盖上盒盖。

七、注意事项

(1) 轻拿轻放未装框组件，注意不要碰到组件的四角，手要保持清洁。

(2) 按工艺要求顺序安装边框，保证胶的溢出均匀一致。

(3) 将已装入框内的组件从周转台抬到装框机上时应扶住四角，防止组件从框内滑落。

(4) 小心操作，以免用力过大损坏组件。

(5) 装接线盒时，引线根部和接线盒与 TPT 之间必须用硅胶完全密封。

(6) 硅胶打到规定以外的地方必须及时清洁。

(7) 铝合金边框在打胶工作台上不得悬空，应和工作台边沿保持一定的距离。

八、实训结果

记录实训数据，填写表 7.6，完成实训报告。

表 7.6　装框与安装接线盒操作记录表

组件序号	装框操作记录	安装接线盒记录	备　注
1			
2			
3			
4			
5			
存在的问题及改进建议：			
设备使用情况：			
		实训学生签字：	
		指导教师签字：	

实训七 组件测试

Project Ⅶ Module Testing

光伏组件检测

一、实训目的

(1) 掌握组件测试的原理和方法。

(2) 掌握组件测试的操作步骤。

二、实训材料和仪器

(1) 光伏组件。

(2) EL 缺陷检测仪，组件测试仪。

三、工作准备

(1) 穿好工作衣、工作鞋，戴好工作帽和手套。

(2) 清洁工作台面，清理工作区域地面，做好工艺卫生，工具摆放整齐有序。

四、理论知识点

光伏组件投入使用前须先进行各项性能测试，相关的性能测试项目有很多，具体方法主要参考 GB/T 9535—1998《地面用晶体硅光伏组件设计鉴定与定型》，GB/T 14008—1992《海上用太阳电池组件总规范》，主要包括发电性能测试、电绝缘性能测试、热循环实验、湿热–湿冷实验、机械载荷实验、冰雹实验、老化实验等项目。

(1) 发电性能测试：在规定光源的光谱、标准光强以及一定的电池温度(25℃)条件下对太阳能电池的开路电压、短路电流、最大输出功率、伏安特性曲线等进行测量。

(2) 电绝缘性能测试：以 1 kV 的直流电通过组件底板与引出线，测量绝缘电阻，绝缘电阻要求大于 2000 MΩ，以确保在应用过程中组件边框无漏电现象发生。

(3) 热循环实验：将组件置于有自动温度控制、内部空气循环的气候室内，使组件在 40℃～85℃之间循环规定次数，并在极端温度下保持规定时间，监测实验过程中可能产生的短路和断路、外观缺陷、电性能衰减率、绝缘电阻等，以确定组件由于温度重复变化引起的热应变能力。

(4) 湿热–湿冷实验：将组件置于带有自动温度控制、内部空气循环的气候室内，使组件在一定温度和湿度条件下往复循环，保持一定恢复时间，监测实验过程中可能产生的短路和断路、外观缺陷、电性能衰减率、绝缘电阻等，以确定组件承受高温高湿和低温低湿的能力。

(5) 机械载荷实验：在组件表面逐渐加载重力，监测实验过程中可能产生的短路和断路、外观缺陷、电性能衰减率、绝缘电阻等，以确定组件承受风雪、冰雪等静态载荷的能力。

(6) 冰雹实验：以钢球代替冰雹从不同角度以一定动量撞击组件，检测组件产生的外观缺陷、电性能衰减率，以确定组件抗冰雹撞击的能力。

(7) 老化实验：老化实验用于检测太阳能电池组件暴露在高湿和高紫外辐照场地时具有的有效抗衰减能力。

五、操作步骤

本实训涉及 EL 缺陷检测和光伏组件测试仪对电池性能的测试。

(1) 进行 EL 缺陷检测，打开设备电源，开启设备上盖，将被测光伏组件放到测试台上，将测试仪的夹子夹在组件的正负极上，然后合上上盖。

(2) 给光伏组件加适当的反向电压，打开计算机测试软件，利用测试软件进行 EL 缺陷检测。根据检测的照片进行 EL 缺陷分析。

(3) 取下光伏组件，对 EL 缺陷数据进行保存，将设备按照操作步骤关机。

(4) 利用组件测试仪对组件进行伏安特性测试。打开设备电源，将被测组件放到测试台上，用正负夹子分别夹住组件的正负电极。

(5) 打开计算机测试软件，利用计算机软件自动测绘伏安特性曲线，并记录测试数据。

(6) 测试完取下电池组件，并保存好原始测试数据。全部测试完毕，关闭软件，关闭设备电源。

六、注意事项

(1) 测试中切勿打开 EL 缺陷检测仪的机箱，箱内有高压电，接触后可能被电击而导致严重后果。

(2) 测试过程中，及时检查并调整光强和测试温度，勿任意修改参数。

(3) 在计算机上要保存电性能测试的原始数据，防止数据丢失。

七、实训结果

记录实训数据，填写表 7.7 完成实训报告。

表 7.7　组件性能测试数据记录表

组件序号	实测开路电压	实测短路电流	实测输出功率	结论
1				
2				
3				
存在的问题及改进建议：				
设备使用情况：				
			实训学生签字：	
			指导教师签字：	

附录一　关键词汇中英文对照

Appendix Ⅰ　The Key Words in both Chinese and English

可再生能源	renewable energy
非可再生能源	non-renewable energy
一次能源	primary energy
二次能源	secondary energy
常规能源	conventional energy
太阳能	solar energy
风能	wind power
地热能	geothermal energy
潮汐能	tidal power
生物质能	biomass energy
核能	nuclear energy
化石燃料	fossil fuels
石油	oil
天然气	natural gas
煤炭	coal
光热转换	photothermal conversion
光电转换	photoelectric conversion
光化学转换	photochemical conversion
温室气体	greenhouse gas
二氧化碳	carbon dioxide
雾霾	haze
间歇性	intermittent
核反应区	the nuclear reaction zone
辐射区	radiated area
对流区	convection zone
太阳大气	solar atmosphere

地理坐标系	geographic coordinate system
经度	longitude
纬度	latitude
赤道坐标系	equatorial coordinate system
时角	hour angle
赤纬角	declination angle
地平坐标系	horizontal coordinate system
天顶角	zenith angle
高度角	altitudinal angle
方位角	azimuth angle
太阳辐射	solar radiation
太阳常数	solar constant
光谱	spectrum
世界气象组织	world meteorological organization
大气质量	air mass
光伏系统工程计算	PV system engineering calculation
波长	wavelength
太阳辐射光谱	spectrum of solar radiation
吸收	absorption
散射	scattering
反射	reflection
大气透明度	atmospheric transparency
太阳直接辐射强度	direct solar radiation intensity
天空散射辐射强度	sky scattered radiation intensity
太阳总辐射强度	total solar radiation intensity
晶体的	crystalline
单晶	single crystalline (sc-Si)
多晶	polycrystalline (poly-Si)
非晶	amorphous (a-Si)
微晶	microcrystalline (mc-Si)
薄膜太阳能电池	thin film solar cell
化合物太阳能电池	compound solar cell
砷化镓	gallium arsenide
碲化镉	cadmium telluride
铜铟镓硒	copper indium gallium selenide
有机太阳能电池	organic solar cell

激子	exciton
染料敏化太阳能电池	dye sensitized solar cell
钙钛矿电池	perovskite cell
太阳能集热器	solar thermal collector
平板型太阳能集热器	flat-plate solar collector
真空管型太阳能集热器	vacuum tube solar collector
聚光型太阳能集热器	focus solar collector
跟踪式集热器	tracking collector
碟式聚光	disc condenser
太阳房	solar house
太阳灶	solar cooker
太阳能温室	solar greenhouse
太阳能干燥	solar drying
太阳能海水淡化	solar desalination
太阳能光热发电	solar photothermal power generation
线性菲涅尔式	linear Fresnel formula
太阳能制冷系统	solar cooling system
光电制冷	photoelectric refrigeration
光热制冷	photothermal refrigeration
蒸汽压缩式制冷	vapour compression refrigeration system
半导体	semiconductor
导体	conductor
绝缘体	insulators
电阻率	electric resistivity
光伏效应	photo voltatic effect
载流子	carrier
电流	current
负载	load
漂移	drift
扩散	diffusion
电阻率	resistivity
迁移率	mobility
载流子浓度	carrier concentration
肖特基结型	schottky junction type
异质结	heterojunction
短路电流	isc

价带	valence band
导带	conduction band
能带	energy band
禁带	mobiuty gap
能带	energy band
费米能级	Fermi energy
吸收系数	absorption coefficient
本征半导体	intrinsic semiconductor
掺杂半导体	doped semiconductor
施主能级	donor level
受主能级	accepter level
P-N 结	P-N junction
扩散运动	diffusion motion
漂移运动	drift motion
光生伏特效应	photovoltaic effect
伏安特性	current voltage characteristic
开路电压	open circuit voltage
短路电流	short circuit current
最大功率	maximum power
填充因子	fill factor
转换效率	conversion efficiency
串联电阻	series resistance
并联电阻	shunt resistance
直拉法	czochralski method
区熔法	float zone method
铸锭	casting
布里曼法	bridgeman method
热交换法	heat exchange method
电磁铸锭法	electro-Magnetic casting
浇铸法	casting technology
硅锭	silicon ingot
硅片	wafer
制绒	texturing
等离子体增强化学气象沉积	Plasma Enhanced Chemical Vapor Deposition (PECVD)
扩散制结	diffuse
主栅线	busbar

丝网印刷	screen printing
银铝	both silver and aluminum
欧姆接触	ohmic contact
层压	lamination
封装，密封胶	encapsulant
接线盒	junction box
逆变器	inverter
背板	backsheet
测试分选	testing and sorting
I-V 曲线	I-V curve
组件	module
机械储能	mechanical energy storage
电磁储能	electromagnetic energy storage
电化学储能	electrochemical energy storage
超导储能	superconducting magnetic energy storage
超级电容器储能	super capacitor energy storage
铅酸蓄电池	lead-acid battery
放电深度	Depth of Discharge(DOD)
恒定电流充电法	constant current charging
恒定电压充电法	constant voltage charging
镍镉电池	nickel-cadmium battery
镍氢电池	nickel metal hydride battery
锂离子电池	lithium ion battery
太阳电池方阵	solar arrays
防反充二极管	anti-reverse charge diode
旁路二极管	bypass diode
控制器	controller
离网户用系统	off-grid system
分布式并网系统	distributed grid-connection system
集中式并网系统	centralized grid-connection system

附录二 部分术语及物理量解释

Appendix II Interpretations of Partial Terminology and Physical Quantity

PM2.5	直径小于或等于 2.5 μm 的尘埃或飘尘在环境空气中的浓度
TW	太瓦。$1\,TW = 10^{12}\,kW = 10^{15}\,W$
$kW \cdot h/(m^2 \cdot a)$	辐照量专用单位，代表的意思为每年度每平方米的辐照量，单位中的 a 是 annual 的缩写
φ	纬度
L	经度
ω	时角
δ	赤纬角
θ_s	天顶角
α_s	高度角
γ_s	方位角
$kW \cdot h/m^2 \cdot d(m、y)$	一段时间内(每天，每月或每年)太阳投射到每平方米上的辐射能量的单位
Gsc	太阳常数
AM	大气质量
P	大气透明系数
PECVD	Plasma Enhanced Chemical Vapor Deposition，是指等离子体增强化学气相沉积法
BIPV	Building Integrated Photovoltaic，是指光伏建筑一体化
CdTe	Cadmium Telluride 碲化镉
CIGS	Copper Indium Gallium Selenide 铜铟镓硒电池
DSSC	Dye Sensitized Solar Cell 染料敏化电池
OPV	Organic Photovoltaic 有机光伏

GaAs	Gallium Arsenide 砷化镓
CdTe	Cadmium Telluride 碲化镉
Exciton	激子
FTO	Fluorine-doped Tin Oxide
$CH_3NH_3PbI_3$	钙钛矿材料
ρ	电阻率
h	普朗克常量
v	光波频率
E_g	禁带宽度
C	光速
λ	光波波长
α	光吸收系数
R_L	负载电阻
I_{bk}	暗电流
R_S	串联电阻
R_{SH}	并联电阻
V_{OC}	开路电压
I_{SC}	短路电流
FF	填充因子
η	转换效率
γ	功率温度系数
CZ	直拉法
FZ	区熔法
ingot	硅锭
squarer	破锭机
silicon block	硅块
wire saw	线锯
wafer	硅片
EVA	乙烯和醋酸乙烯酯的共聚物胶膜
TPT	聚氟乙烯复合膜
BOS	Balance Of System 平衡部件
SMES	超导储能系统
DOD	Depth of Discharge 放电深度

SOC	State of Charge 荷电态
PWM	Pulse Width Modulation 脉冲宽度调制技术
IGBT	Insulated Gate Bipolar Transistor 绝缘栅双极型晶体管
DSP	Digital Signal Processing 数字信号处理
MPPT	Maximum Power Point Tracking 最大功率点跟踪
PV	Photovoltaic 光伏
PCM	Phase Change Material 相变蓄热材料
MPa	压力单位：兆帕
EL	Electroluminescence 电致发光

参 考 文 献

References

[1] 施钰川. 太阳能原理与技术[M]. 西安：西安交通大学出版社，2009.

[2] 王矜奉. 固体物理教程[M]. 济南：山东大学出版社，2003.

[3] 白一鸣，陈诺夫，戴松元，等. 太阳电池物理基础[M]. 北京：机械工业出版社，2014.

[4] 阎守胜. 固体物理基础[M]. 北京：北京大学出版社，2003.

[5] 王长贵，王斯成. 太阳能光伏发电实用技术[M]. 北京：化学工业出版社，2005.

[6] 盛旺. 太阳能电池光伏聚光系统设计[D]. 西安工业大学，2016.

[7] 高援朝，曹国璋，王建新. 太阳能光热利用技术[M]. 北京：金盾出版社，2015.

[8] CSP PLAZA 中国光热发电权威媒体商务平台.

[9] 朱敦智，刘君. 太阳能光热利用基础[M]. 北京：中国电力出版社，2017.

[10] 罗运俊，何梓年，王长贵. 太阳能利用技术[M]. 北京：化学工业出版社，2014.

[11] 郑宏飞. 太阳能海水淡化原理与技术[M]. 北京：化学工业出版社，2013.

[12] OFweek 太阳能光伏网.

[13] 吴金星. 能源工程概论[M]. 北京：机械工业出版社，2014.

[14] 张链，陈子坚. 多种能源融合的建筑节能系统的设计与应用[M]. 合肥：中国科学技术大学出版社，2017.

[15] 杨洪兴，周伟. 太阳能建筑一体化技术与应用[M]. 北京：中国建筑工业出版社，2009.

[16] 方荣生，项立成，等. 太阳能应用技术[M]. 北京：中国农业机械出版社，1985.

[17] 张福俊.有机太阳能电池的工作原理及研究进展[J]. 物理教学，2010，32(10)：5-8.

[18] A.A.M 赛义夫. 太阳能工程[M]. 徐仁学，刘鉴民，译. 北京：科学出版社，1984.

[19] 杨金焕，袁晓，季良俊. 太阳能光伏发电应用技术[M]. 北京：电子工业出版社，2018.

[20] 赵富鑫，魏彦章. 太阳电池及其应用[M]. 北京：国防工业出版社，1985.

[21] 章诗，王小平，王丽军，等. 薄膜太阳能电池的研究进展[J]. 材料导报，2010，24(5)：126-131.

[22] 易娜. 钙钛矿太阳能电池技术的进展[J]. 太阳能发电，2016.

[23] 王家骅，李长健，牛文成. 半导体器件物理[M]. 北京：科学出版社，1983.

[24] 安其霖，等. 太阳电池原理与工艺[M]. 上海：上海科技出版社，1984.

[25] 张鹏，徐征，赵谡玲，等. 多晶硅太阳电池预处理及退火工艺研究[J]. 太阳能学报，2014，35(1)：134-138.

[26] 贾洁静，等. 多步扩散制备太阳电池 pn 结工艺的研究[J]. 太阳能学报，2015，36(1)：2420-2424。

[27] 王东娇. 太阳能光伏发电控制技术研究[J]. 太阳能发电，2010.

[28] 太阳能光伏控制器的分类, http://www.china-nengyuan.com/tech/24675.html.

[29] 周志敏，纪爱华. 太阳能光伏逆变器设计与工程应用[M]. 北京：电子工业出版社，2013.

[30] 张兴，曹仁贤. 太阳能光伏并网发电及其逆变控制[M]. 北京：机械工业出版社，2012.